风力发电机组

典型故障处理

华能吉林公司新能源分公司　组编

内 容 提 要

本书以华锐 SL1500 机组 Bachmann 控制系统为例，重点介绍风力发电机各个控制系统的电气原理和常见故障处理方法；以风力发电机各个控制系统为单位，概括性的对各系统工作原理及功能进行介绍，对组成系统关键元器件的性能特点进行简要描述；从分析各个系统电气回路控制策略的角度出发，以风力发电机电气图纸为基础，绘制各个系统的电气控制单线图；以故障产生的各种因素为着眼点，绘制故障处理逻辑思维导图；以风电场运维人员的现场工作经验为依托，总结现场疑难故障处理经验。本书内容涵盖风力发电机组主控制、偏航、制动、油冷、水冷、变频、变桨、电池系统及安全链等各个部分，力求理论联系实际，具有较强的专业性、针对性和实用性。

图书在版编目（CIP）数据

风力发电机组典型故障处理/华能吉林公司新能源分公司组编．—北京：中国电力出版社，2022.12（2024.2 重印）

ISBN 978-7-5198-6297-8

Ⅰ.①风…　Ⅱ.①华…　Ⅲ.①风力发电机—故障修复　Ⅳ.①TM315

中国版本图书馆 CIP 数据核字（2021）第 263561 号

出版发行：中国电力出版社
地　　址：北京市东城区北京站西街 19 号（邮政编码 100005）
网　　址：http：//www.cepp.sgcc.com.cn
责任编辑：谭学奇（010—63412218）
责任校对：黄　蓓　朱丽芳
装帧设计：郝晓燕
责任印制：吴　迪

印　　刷：北京天泽润科贸有限公司
版　　次：2022 年 12 月第一版
印　　次：2024 年 2 月北京第二次印刷
开　　本：787 毫米×1092 毫米　16 开本
印　　张：7.75
字　　数：179 千字
印　　数：1001—1500 册
定　　价：50.00 元

本书编委会

主　　编　于景龙

副 主 编　王介昌　岳晨曦　张建新

编写人员　隋　严　陈德彬　刘羿辰

　　　　　王海燕　陈占男　杨华明

　　　　　单大勇　殷　亮　刘朋林

　　　　　杨彦东

审稿人员　艾永明

前　言

为应对风力发电装机规模的快速增长和风力发电机组运检工作不断增加所带来的挑战，为规范化、高效率提升风电企业生产岗位员工的实战消缺水平，吉林新能源公司组织专业技术人员和专家学者编写了《风力发电机组典型故障处理》。

本书以华能吉林新能源 SL1500 风电机组（Bachmann＋PLC＋PM3000W）机组为例，系统地介绍了机组各个控制系统的工作原理以及核心元器件的电气和机械特性，并对机组的电控系统图纸进行了整理，绘制出各个系统的电气系统图，从电气控制的角度介绍各个系统的工作原理。

本书中梳理了风电场检修维护工作中遇到的典型故障，按照风力发电机组的各个系统对典型故障进行划分，通过理论讲解与案例分析相结合的方式，系统性的对各典型故障进行原因分析，并利用消缺思维图的形式引导故障处理。本书针对具体风力发电机组故障可以对员工进行专业培训，将其所涉及的电控电路拆分为“供电侧”“控制侧”“反馈侧”三部分，依次分析控制原理，为故障处理提供整体电路检查思路。

本书力求知识点详尽、准确，但限于经验理论水平有限，难免会出现不妥之处，恳请各位读者翻阅之后提出宝贵意见，以便及时修改完善。

编者

2022 年 5 月

目　录

第一章 电 气 识 图

第一节 开 关 器 件

一、断路器

断路器按其使用范围分为高压断路器和低压断路器，一般将电压等级在3kV及以上的断路器称为高压断路器。

低压断路器又称自动开关，它是一种既能实现手动开关功能，又能自动进行失压、欠压、过载、短路保护的电器。断路器可用来分配电能，对电源线路及电动机等实行保护。当电路发生严重的过载、短路及欠压等故障时，断路器主触点断开，自动切断电路，其功能相当于熔断器式开关与过、欠、热继电器等的组合（见图1-1～图1-4）。

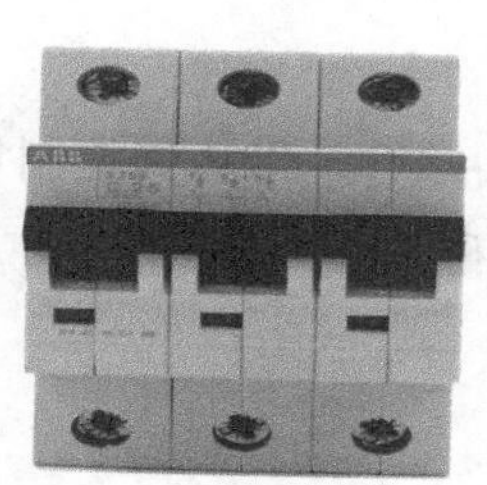

图1-1 断路器实物图

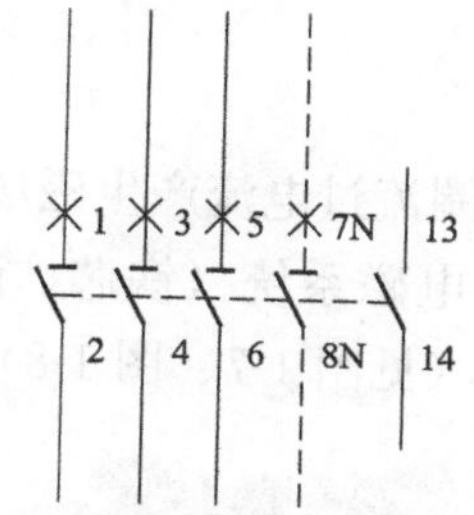

图1-2 断路器电气符号

图1-3 断路器实物图

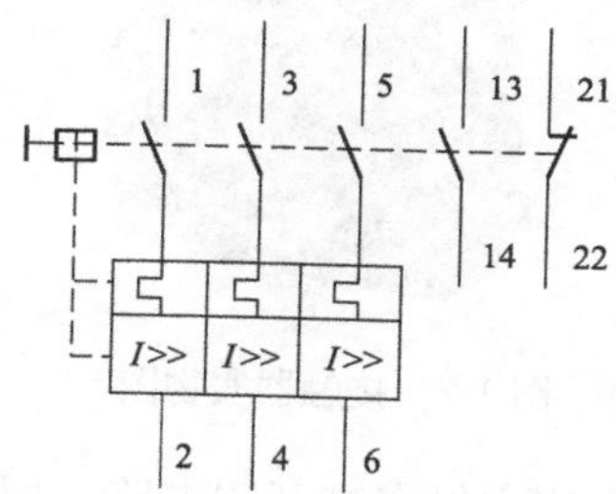

图1-4 断路器电气符号

二、继电器

继电器是具有隔离功能的自动开关元件，广泛应用于遥控、遥测、通信、自动控制、机电一体化及电力电子设备中，是最重要的控制元件之一。常见的继电器有直流24V和交流

230V 两种（见图 1-5、图 1-6）。

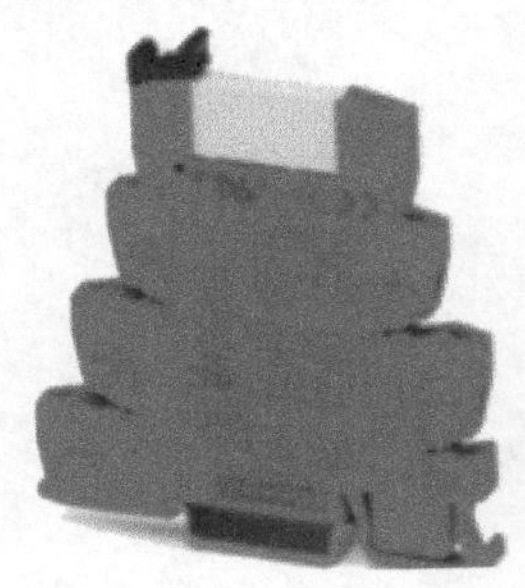

图 1-5　继电器实物图

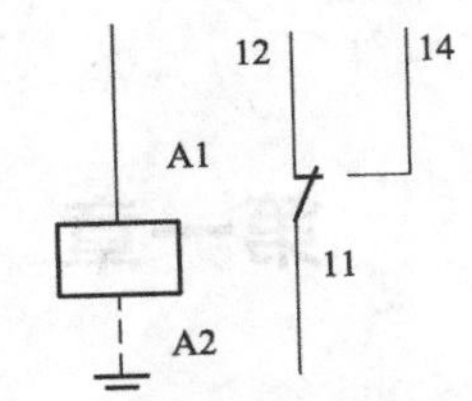

图 1-6　继电器电气符号

1. 工作原理

继电器 A1、A2 为控制线圈，非工作状态下，执行回路触点 11、12 为常闭状态，触点 11、14 为常开状态。当继电器控制线圈 A1、A2 带电后，继电器指示灯点亮，执行回路触点 11 口与 14 口导通；当继电器线圈失电时，继电器指示灯熄灭，执行回路触点 11 口与 12 口导通。

2. 性能检测

（1）继电器线圈失电状态下，触点 11 口与 12 口导通，11 口与 14 口断开；线圈带电状态下，触点 11 口与 12 口断开，11 口与 14 口导通。

（2）直流 24V 继电器线圈 A1 口与 A2 口内阻为 3000Ω 左右；交流 230V 继电器线圈 A1 口与 A2 口内阻为 28.5MΩ 左右。

三、接触器

接触器是利用线圈流过电流产生磁场，控制触头闭合，以达到控制负载供电回路通断的电器元件。接触器由电磁系统（铁芯、静铁芯、电磁线圈）触头系统（常开触头和常闭触头）和灭弧装置组成（见图 1-7、图 1-8）。

图 1-7　接触器实物图

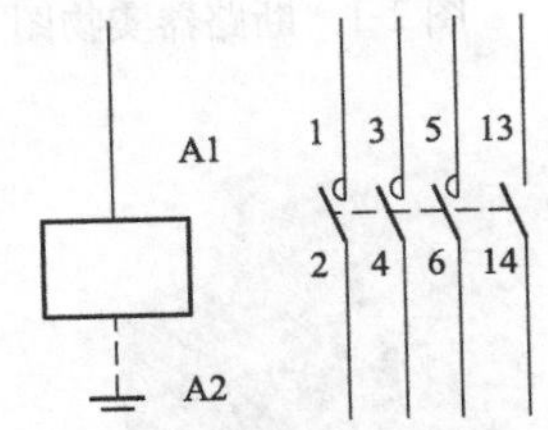

图 1-8　接触器电气符号

交流接触器利用主触点来开闭电路，用辅助触点来导通控制回路。主触点一般采用常开触点，而辅助触点多采用两对具有常开和常闭功能的触点，小型的接触器也可作为中间继电器配合主电路使用。

1. 工作原理

当接触器的电磁线圈通电后，会产生很强的磁场，使绕组铁芯产生电磁吸力吸引衔铁触头动作（常闭触头断开、常开触头闭合）。当线圈断电时，电磁吸力消失，衔铁在释放弹簧

的作用下释放，触头恢复原位（常闭触头闭合，常开触头断开）。

2. 性能检测

（1）当接触器线圈带电后，主触点闭合，触点上下端口导通；当接触器线圈失电状态下，主触点断开，三相主触点间绝缘。

（2）三相主触点间彼此绝缘。

四、开关器件

（一）限位开关

限位开关（行程开关）是用于控制机械设备的行程，起到限位保护作用的一种机械式开关，根据运动部件行程位置而切换电路的电器元件，它的作用原理与按钮开关类似（见图1-9、图1-10）。

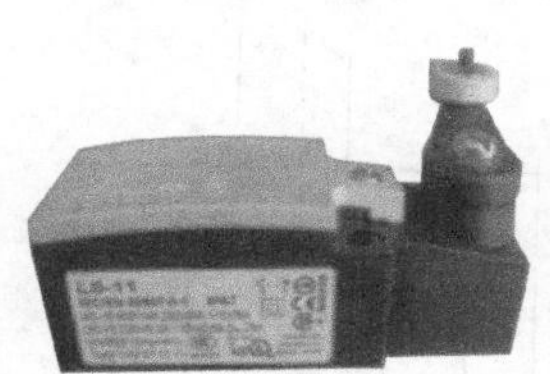

图 1-9　接触器实物图

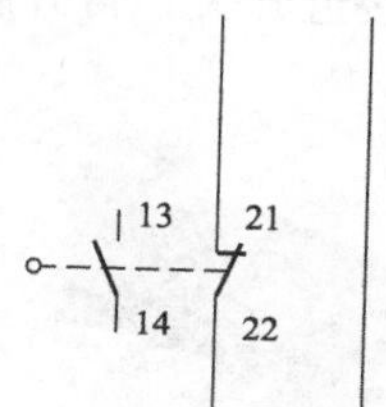

图 1-10　接触器电气符号

1. 工作原理

将限位开关（行程开关）安装在预先设定好的位置，当运行机械运动部件上的机械模块撞击到限位开关（行程开关）执行头部件时，限位开关（行程开关）的触点动作，实现开关电路的切换。

2. 性能检测

按下限位开关执行头，限位开关触点动作；松开执行头时，执行头能够自动复位，触点恢复原始位。

（二）温控开关

根据温度变化，控制其触点动作的开关型器件。根据物体热胀冷缩原理，温控开关触点由不同材质的双金属片构成，在变化的温度下由于金属片胀缩程度不同而使双金属片弯曲，碰到设定的触点或开关，使设定的电路（保护）开始工作（见图 1-11、图 1-12）。

图 1-11　温控开关实物图

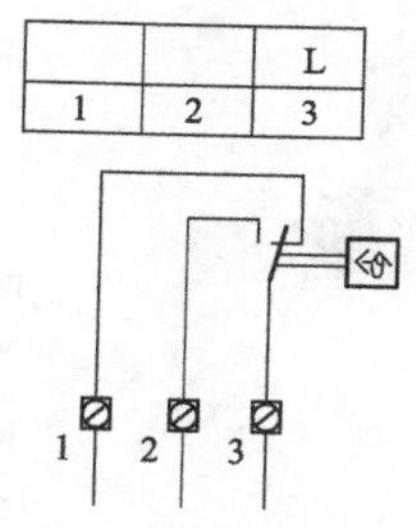

图 1-12　温控开关电气符号

1. 工作原理

不同材质的双金属片，由于热膨胀系数不同，在温度改变时，两片金属片的弯曲程度不同。当环境温度高于双金属片的膨胀温度时，双金属片触点位置发生变形导致断开，实现切断电路；当环境温度低于双金属片的膨胀温度时，双金属片触点位置恢复原形而闭合，实现闭合电路。

2. 性能检测

调节温度开关设定旋钮，当温度设定值低于环境温度时，开关 1、3 端口导通；当温度设定值高于环境温度时，开关 2、3 口导通。

（三）接近开关

1. 工作原理

接近开关内由电磁线圈和常开触点组成，对于 PNP 型接近开关在线圈通电状态下，当金属物体靠近接近开关时，受电磁力影响，常开触点闭合，回路导通，反馈回路有电压输出，当金属物体远离接近开关，常开触点断开，反馈回路无电压输出（见图 1-13、图 1-14）。

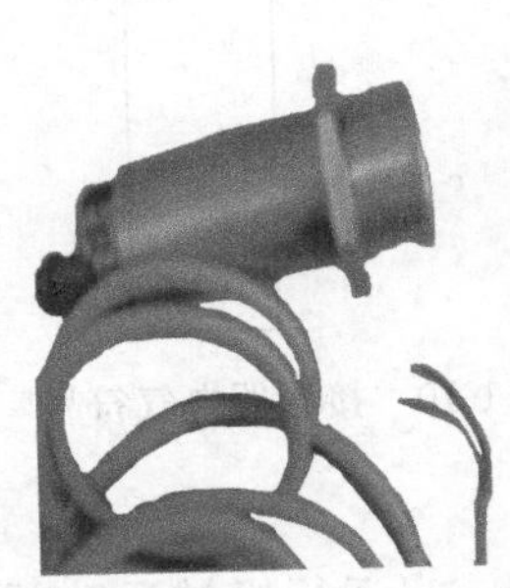

图 1-13　接近开关实物图

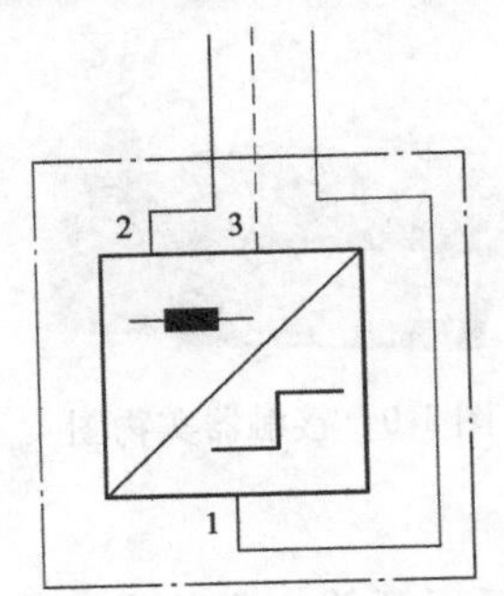

图 1-14　接近开关电气符号

2. 性能检测

使用万用表测量接近开关电源接口内阻，正常为无穷大；接近开关通电状态下，将接近开关靠近金属物体，使用万用表测量接近开关反馈回路应有电压输出；将接近开关远离金属物体，使用万用表测量接近开关反馈回路应无电压输出。

（四）凸轮计数器

安装于主机架上，与偏航大齿圈相啮合，当机组偏航时，码盘旋转带动内部限位开关旋转，实现限位报警和扭缆保护功能；利用凸轮计数器内部的角度编码器进行机舱偏航角度测量（见图 1-15、图 1-16）。

图 1-15　凸轮计数器实物图

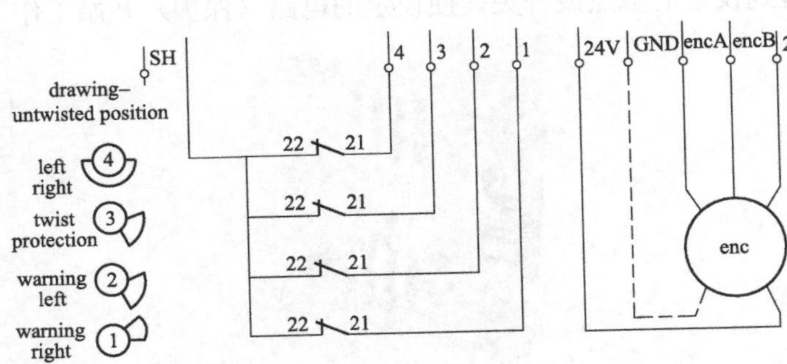

图 1-16　凸轮计数器电气符号

1. 工作原理

码盘旋转带动 4 个白色撞块旋转，直至触碰常闭开关。其中 4 号触点为风机偏航初始零位触点，用于在电缆垂直状态下的机舱零位确定；3 号触点为风机扭缆保护触点，用于在机舱偏航角度达到扭缆保护角度（约为±720°）时的电缆保护；2 号触点为风机偏航左极限位置警告触点，用于在机舱偏航角度达到左极限角度（约为 −360°）时的电缆保护；1 号触点为风机偏航右极限位置警告触点，用于在机舱偏航角度达到右极限角度（约为＋360°）时的电缆保护。

2. 性能检测

旋转码盘，使白色撞块碰撞常闭触点开关，此时测量触点开关回路应为断路；反向旋转码盘，使白色撞块远离常闭触点开关，此时测量触点开关回路应为通路。当凸轮计数器与主控 PLC 连接后，机组偏航时，机舱角度应有变化。机舱向左偏航时，机舱角度减小；机舱向右偏航时，机舱角度增大。

第二节　保护型器件

一、熔断器

熔断器是根据电流超过规定值一定时间后，以其自身产生的热量使熔体熔化，从而使电路断开的原理制成的一种电流保护器。熔断器广泛应用于低压配电系统和控制系统及用电设备中，作为短路和过电流保护，是应用最普遍的保护器件之一（见图 1-17、图 1-18）。

图 1-17　350A 熔断器实物图

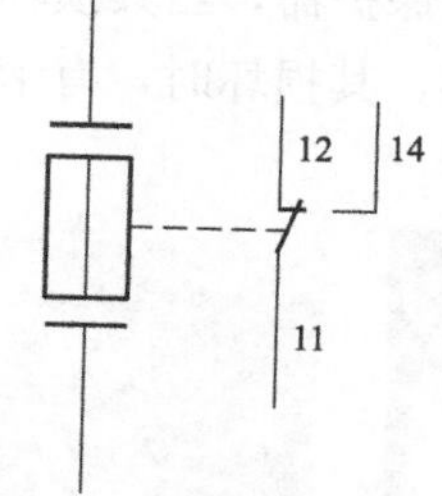

图 1-18　350A 熔断器电气符号

1. 工作原理

熔断器是一种过电流保护电器。熔断器主要由熔体和熔管两个部分及外加填料等组成。使用时将熔断器串联于被保护电路中，当被保护电路的电流超过规定值，并经过一定时间后由熔体自身产生的热量熔断熔体，使电路断开，起到保护的作用。

2. 性能检测

使用万用表测量熔断器内阻，正常值应小于 0.3Ω。

二、浪涌保护器

浪涌保护器是电子设备雷电防护装置。浪涌保护器的作用是把窜入电力线、信号传输线的瞬时过电压限制在设备或系统所能承受的电压范围内，或将强大的雷电流引入大地，保护相关设备或系统不受冲击而损坏。

（一）共模、差模浪涌

通常在弱电回路中被使用，正常情况下，单一通道其上下端口导通，各个通道间彼此不导通。常见浪涌主要有共模浪涌和差模浪涌。

共模浪涌：当单一通道内的电压（对地电压）高出浪涌保护器的额定电压时，浪涌保护器工作，回路中的电涌对地释放（见图 1-19）。

差模浪涌：当一组通道间的电压（相间电压）高出浪涌保护器的额定电压时，浪涌保护器工作，将回路中的电涌对地释放（见图 1-20）。

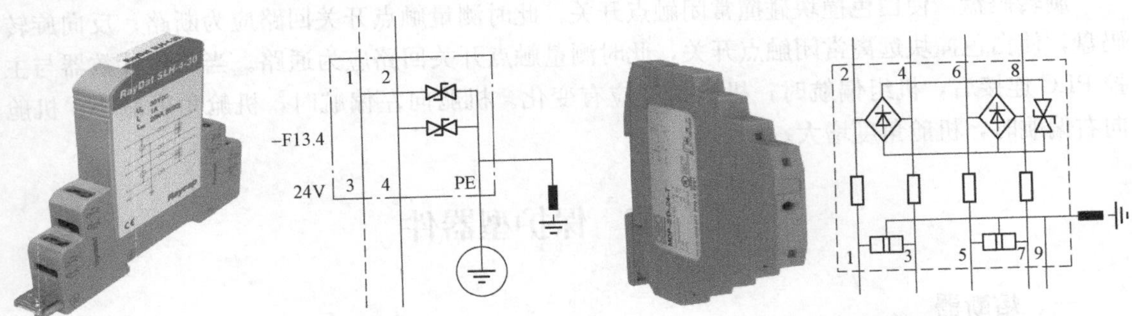

图 1-19　共模浪涌实物及电气符号图

图 1-20　差模浪涌实物及电气符号图

（二）防雷、过压保护浪涌

消除由雷击、电网波动等原因引起的电涌。正常情况下，其输入端口对地绝缘。对于 DEHN（盾牌）电涌保护器，当其损坏时，模板标识色由绿色变为红色。对于 PHENIX（菲尼克斯）电涌保护器，其损坏时，有卡片弹出并且卡片上标有“defeat”（损坏）字样（见图 1-21、图 1-22）。

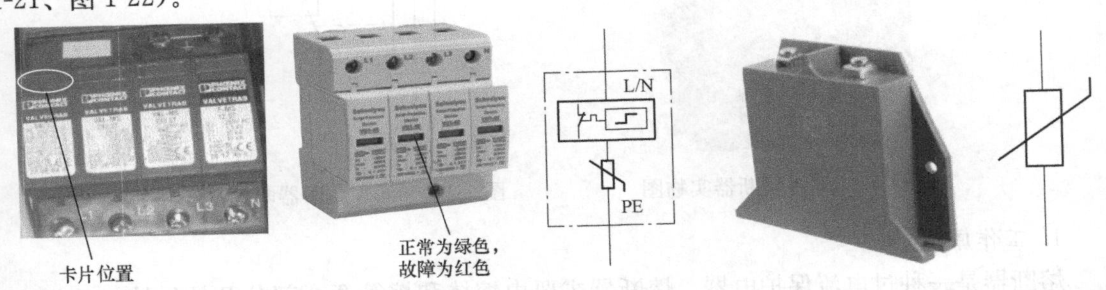

图 1-21　交流 230V 回路保护浪涌实物及电气符号图

图 1-22　交流 380V 回路保护浪涌实物及电气符号图

第三节　整　流　器　件

一、整流器

整流器是一种整流装置，其作用是将交流电转换为直流电。主要分为三相桥式整流器、

单相桥式整流器。

1. 工作原理

整流桥是利用二极管正向导通反向截止的原理，将输入端的交流电转变为输出端的直流电，为直流负载供电。

三相整流器输出端直流电压为输入端交流电压的 1.414 倍，即当输入端的相间输入电压为交流 380V，则输出端的直流输出电压为直流 550V（见图 1-23）。

单相桥式整流器输出端直流电压为输入端交流电压的 1.25 倍，即输入相间电压为交流 220V，则输出端直流电压为直流 275V（见图 1-24）。

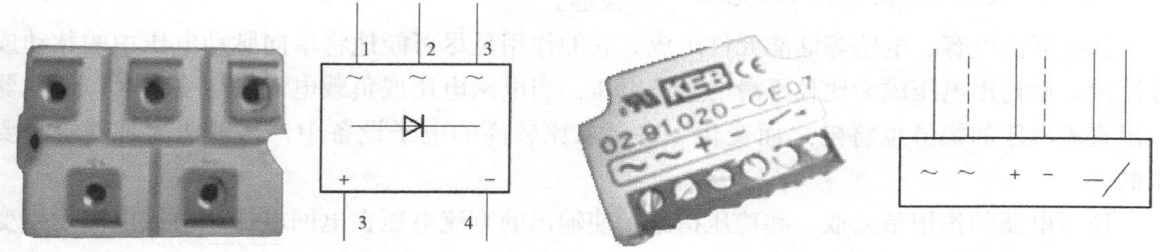

图 1-23　三相整流桥实物及电气符号图　　　　图 1-24　单相整流桥实物及电气符号图

2. 性能检测

使用万用表二极管档对整流桥进行测量，正向测量时有电压显示，显示电压约 700mV，反向测量时无电压显示（见图 1-25）。

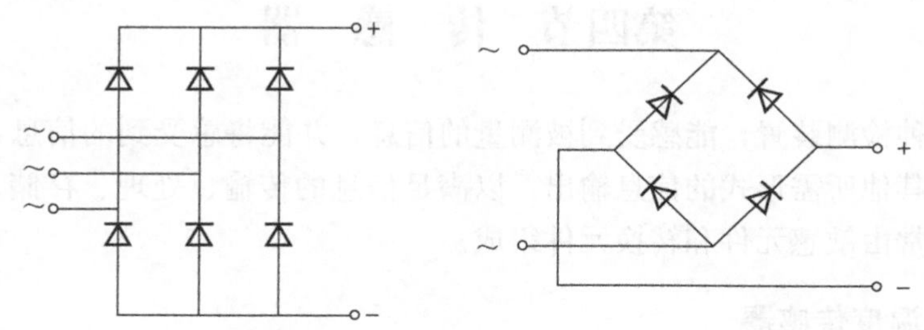

图 1-25　整流桥电气符号图

使用万用表电阻挡进行测量时，红表笔分别接交流输入端，黑表笔接二极管正极时，一般有数百欧姆至数千欧姆的阻值。通常正向测量、反向测量所显示的电阻都很小，则整流桥短路损坏，如果正向测量、反向测量显示的电阻都非常大，则整流桥开路。

二、24V 直流电源

24V 直流电源是将工频电网电能转变成特种形式高压电源的一种电子仪器设备，24V 直流电源按输出电压极性可分为正极性和负极性两种（见图 1-26）。

1. 工作原理

直流电源的组成，包括四个组成部分：电源变压器、整流电路、滤波器、稳压电路。

电源变压器，电网提供的交流电一般为 220V（或 380V），而各种电子设备所需要直流

(a) UPS电源

(b) 230～24V电源

图 1-26　UPS 电源与 230～24V 电源

电压的幅值却各不相同。因此，需要将电网电压先经过电源变压器进行变压，然后将变换以后的直流电压再去整流、滤波和稳压，最后得到所需要的直流电压幅值。

整流电路的作用是利用具有单向导电性能的整流元件，将正负交替的正弦交流电压整流成为单方向的脉动电压。该单向脉动电压往往包含着很大的脉动成分，距离理想的直流电压还差得很远。

滤波器由电容、电感等储能元件组成。它的作用是尽可能地将单向脉动电压中的脉动成分滤掉，使输出电压成为比较平滑的直流电压。当电网电压或负载电流发生变化时，滤波器输出直流电压的幅值也将随之而变化，在要求比较高的电子设备中，这种情况是不符合要求的。

稳压电路的作用是采取一些稳压措施，使输出的直流电压在电网电压或负载电流发生变化时保持稳定。

2. 性能检测

用数字万能表测量交流输入侧、直流输出侧的端口电压是否与直流电源铭牌标注电压相同。当交流输入侧电压正常，交流输出侧电压异常时，则直流电源可能发生损坏。

第四节　传　感　器

传感器是一种检测装置，能感受到被测量的信息，并能将感受到的信息，按一定规律变换成为电信号或其他所需形式的信息输出，以满足信息的传输、处理、存储、显示、记录和控制等要求，通常由敏感元件和转换元件组成。

一、PT100 温度传感器

PT100 温度传感器是一种将温度变量转换为可传送的标准化输出信号的仪表。主要用于工业过程温度参数的测量和控制。带传感器的变送器通常由两部分组成：传感器和信号转换器。传感器主要是热电偶或热电阻；信号转换器主要由测量单元、信号处理和转换单元组成（由于工业用热电阻和热电偶分度表是标准化的，因此信号转换器作为独立产品时也称为变送器），有些变送器增加了显示单元，有些还具有现场总线功能（见图 1-27）。

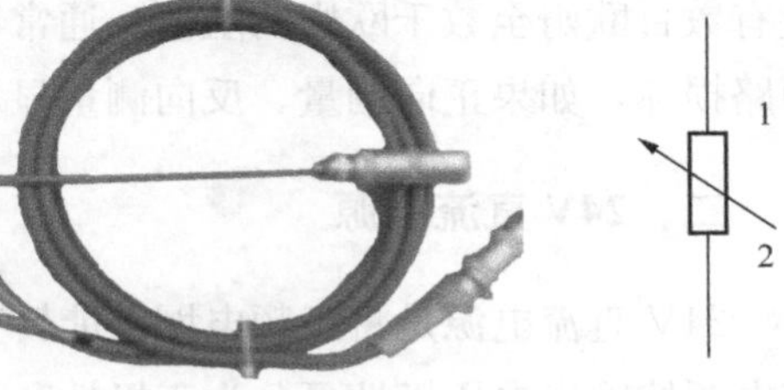

图 1-27　PT100 实物及电气符号图

1. 工作原理

PT100 温度传感器如果由两个用来测量温差的传感器组成，输出信号与温差之间有一给定的连续函数关系。标准化输出信号主要为 0～

10mA 和 4～20mA（或 1～5V）的直流电信号。

2. 性能检测

当环境温度为 0℃时，传感器内阻为 100Ω；随温度升高，阻值增大。在使用时其所测量温度数据发生突变，多为温度传感器损坏。

二、振动加速度传感器

加速度传感器通常由质量块、阻尼器、弹性元件、敏感元件和适调电路等部分组成（见图 1-28）。在加速过程中，传感器通过对质量块所受惯性力的测量，利用牛顿第二定律获得加速度值。根据传感器敏感元件的不同，常见的加速度传感器包括电容式、电感式、应变式、压阻式、压电式等。

图 1-28　振动加速度传感器

1. 工作原理

多数加速度传感器是根据压电效应的原理来工作的。所谓的压电效应就是“对于不存在对称中心的异极晶体，加在异极晶体上的外力除了使晶体发生形变以外，还将改变晶体的极化状态，在晶体内部建立电场，这种由于机械力作用使介质发生极化的现象称为正压电效应”。一般加速度传感器就是利用了其内部的由于加速度造成的晶体变形这个特性。由于这个变形会产生电压，只要计算出产生电压和所施加的加速度之间的关系，就可以将加速度转化成电压输出。

2. 性能检测

受限于现场条件，通常根据故障现象判断振动加速度传感器是否损坏。单独触发驱动侧或非驱动侧振动故障时，通过将驱动侧传感器与非驱动侧传感器进行互换的方式判断传感器是否损坏，若故障发生转移，则相应传感器损坏。例如传感器互换前机组报驱动侧振动故障，互换后报非驱动侧振动故障，则该传感器损坏。

三、齿轮箱油压传感器

油压压力传感器是能感受压力信号，并能按照一定的规律将压力信号转换成可用的输出的电信号的器件或装置（见图 1-29）。通常由压力敏感元件和信号处理单元组成。按不同的测试压力类型，压力传感器可分为表压传感器、差压传感器和绝压传感器。

图 1-29　齿轮箱油压传感器

1. 工作原理

压力直接作用在传感器的膜片上，使膜片产生与介质压力成正比的微位移，使传感器的电阻发生变化，利用电子线路检测这一变化，并转换输出一个对应于这个压力的标准信号。

2. 性能检测

齿轮箱油泵电机未启动，管路中无液压油，操作面板中有压力显示，多为油压传感器损坏；线路连接正常，且更换新油压传感器后，启动油泵时压力数值无变化，多为程序中传感器选型错误；安装更换油压传感器时注意传感器上密封胶圈是否完好，安装必须紧固，否则

有漏油隐患。

四、发电机编码器

图 1-30　发电机编码器

编码器是将信号（如比特流）或数据进行编制、转换为可用以通信、传输和存储的信号形式的设备（见图 1-30）。编码器把角位移或直线位移转换成电信号，前者称为码盘，后者称为码尺。发电机编码器为增量型编码器。

1. 工作原理

增量型编码器是直接利用光电转换原理输出三组方波脉冲 A、B 和 Z 相；AB 两组脉冲相位相差 90°，从而可以方便地判断出旋转方向，而 Z 相每转一个脉冲，用于基准点定位。

2. 性能检测

发电机旋转状态下，在确定编码器导线本身及连接正常，变频器测速板正常时，若显示发电机转速为零，多为变频器损坏。

第二章　主控制系统—Control

第一节　系　统　介　绍

一、控制系统组成

1. 通信回路

通信回路主要指PLC、变频器、AI/DI模块、控制面板、传感器及远程监控系统等之间的通信线路。PLC与偏航变频器、变桨变频器、功率变频器间采用CAN总线通信，PLC与交换机间采用Ethernet网线通信，机舱与塔基、塔基与远程间采用Ethernet（fiber optics）光纤通信。通信回路示意图如图2-1所示。

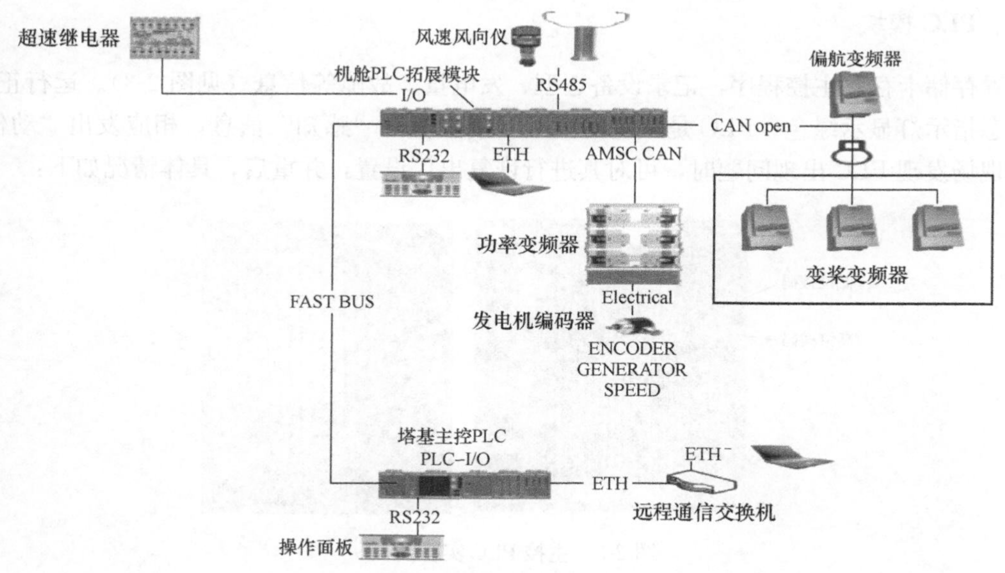

图2-1　通信回路拓扑图

2. 控制面板

登录操作面板，先按“登录”按钮，然后在数字小键盘处输入密码。退出登录时，先按“登录”按钮，然后按方向导航键中的确定按钮。

机舱面板操作的优先级要比塔基面板操作的优先级高，因此当登录机舱面板操作时，在塔基则不能登录。如果高级别的权限登录后没有按退出命令，必须等待 10min 才会自动退出，低级别的用户才能登录（见图 2-2）。如果处于远程禁止状态，则远程 SCADA 系统和虚拟面板都将无法操作。

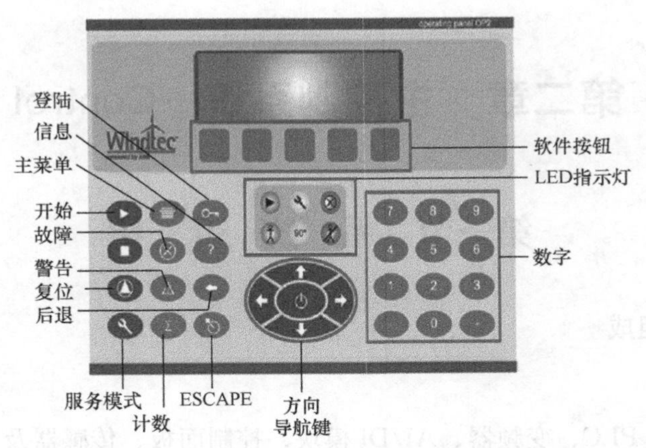

图 2-2　操作面板

控制面板除了能够控制机组启停外，还能控制各个子系统的运行，并且能够监视实时数据、查询发电量等信息。

二、PLC 模块

内置存储卡存储主控程序，记录设备选型、发电量、故障等信息（见图 2-3）。运行正常时，状态指示灯显示绿色；PLC 是风机的大脑，接收所有“感知”信息，相应发出“动作”信息，现场发现 PLC 出现问题时，可对其进行恢复出厂设置，并重启，具体情况如下：

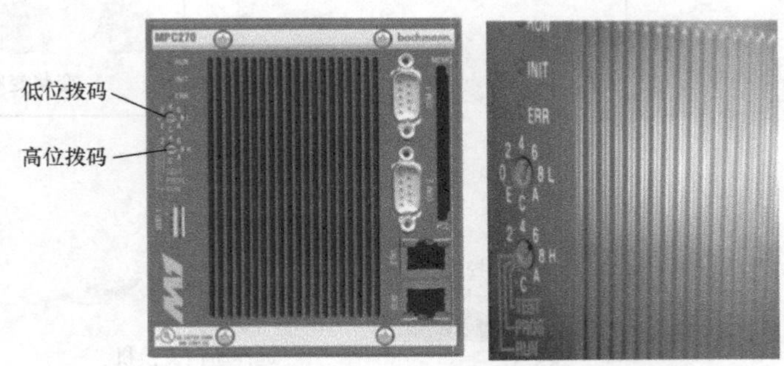

图 2-3　主控 PLC 实物图

（1）PLC 左侧有两个拨码，下端为高位拨码，上端为低位拨码（均采用十六进制设置，顺时针依次为 0～10、A、B、C、D、E、6），在 PLC 上电的情况下将高位拨码拨到 E（test）、低位拨码拨到 D，重新启动 PLC，此时 PLC 软件恢复到出厂设置。

（2）完成以上操作后将 PLC 低位和高位拨码均拨到 0，断电取出 CF 卡格式化后将程序拷进去，重新上电后 PLC 恢复运行。

三、CAN 总线通信

PLC 通信模块通过 CAN 总线与偏航变频器、变桨变频器进行通信连接。CAN 总线由三根信号线组成，分别是高电平、低电平、地线，三根信号线对地电阻均为无穷大。其中在高低电平线的首尾两端各接入一个 120Ω 电阻，因此在回路通路时，测量高低电平导线间的电阻值为 60Ω（见图 2-4）。

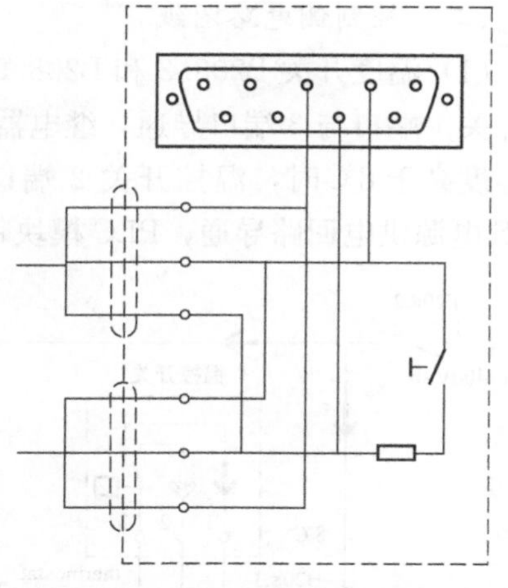

图 2-4 KEB 通信面板及通信插头电路图

通信拨码设置：除 420 变桨控制柜内的变频器通信拨码设置为“ON”，其余偏航变频器和变桨变频器均为“OFF”。通信模块 CM202 的拨码全部设置为“OFF”。

第二节 电 控 原 理

一、电控原理介绍

电控主要研究塔基和机舱 PLC 模块的供电回路。在 PLC 模块供电回路中设计有低温保护功能和断电续航功能，分别通过温控开关和 UPS 电源来实现。塔基 PLC 模块供电原理与机舱 PLC 模块供电原理相同。

当柜内温度低于温控开关设定的温度值时，温控开关控制加热器启动，提高柜内温度；当温度高于温控开关设定的温度值后，控制 UPS 电源供电回路中的继电器动作，使 UPS 电源带电工作。在系统上电后，控制 UPS 电源供电回路中的继电器闭合，形成自锁。

二、电控电路

（一）机舱 PLC 模块供电

1. 机舱 PLC 模块主回路供电

（1）PLC 模块供电回路设计有低温保护功能，防止电气元件在低温环境下上电烧毁。

（2）模块上电过程中受控于继电器 K208.3 和 K208.5，模块带电后由继电器 k257.1 形成自锁，保持供电稳定，不受温度变化影响。

2. UPS 电源

UPS 电源为系统提供稳定 24V 直流电，是整个机舱控制电路的最后屏障。当电网正常时，整流电源 T215.3 将电网 230V 交流电转化为 24V 直流电，接入转换开关 T215.2 的输入端；转换开关 T215.2 的输出端接蓄电池 T215.4 和负载，向蓄电池和负载供电。当电网掉电时，由蓄电池向转换开关 T215.2 送电，保持负载继续运行，完成收桨停机。

（1）整流电源 T215.3：输入交流 230V，输出直流 24V。

（2）转换开关 T215.2：输入、输出均为直流 24V；放电时间 20min；放电容量 7.2Ah。

（3）蓄电池 T215.4：输出电压为直流 24V；容量 12Ah。

（二）控制侧电路图纸

（1）温度开关 B208.3 和 B208.5 建设设定温度为 8℃。当控制柜内温度低于 8℃时，温控开关 1 端口与 3 端口导通，继电器 K208.6 带电，控制机舱控制柜加热器启动；当控制柜内温度高于 8℃时，温控开关 2 端口与 3 端口导通，继电器 K208.3 与 K208.5 带电吸合，UPS 电源供电回路导通，PLC 模块带电工作（见图 2-5）。

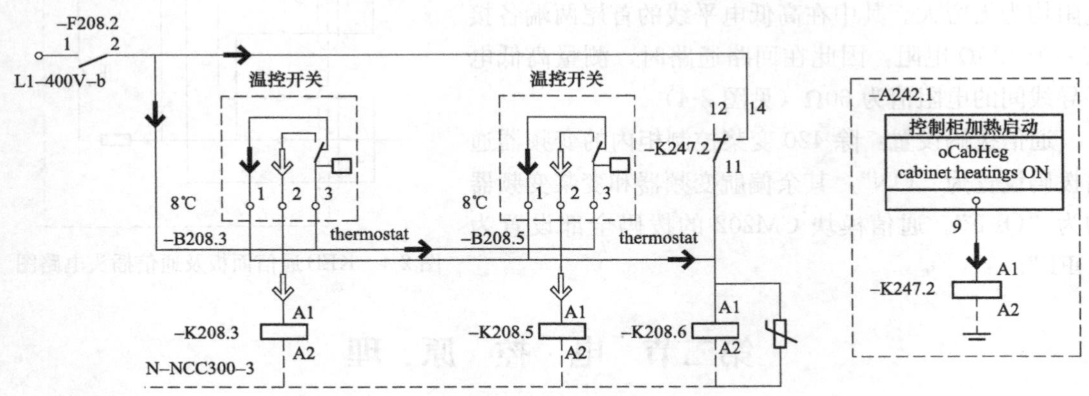

图 2-5　温度控制开关供电回路

（2）PLC 模块带电后，检测到控制柜内温度低时，模块 A242.1 的 9 口向继电器 K247.2 输出直流 24V，使继电器 K208.6 带电，控制柜内加热器启动（见图 2-6）。

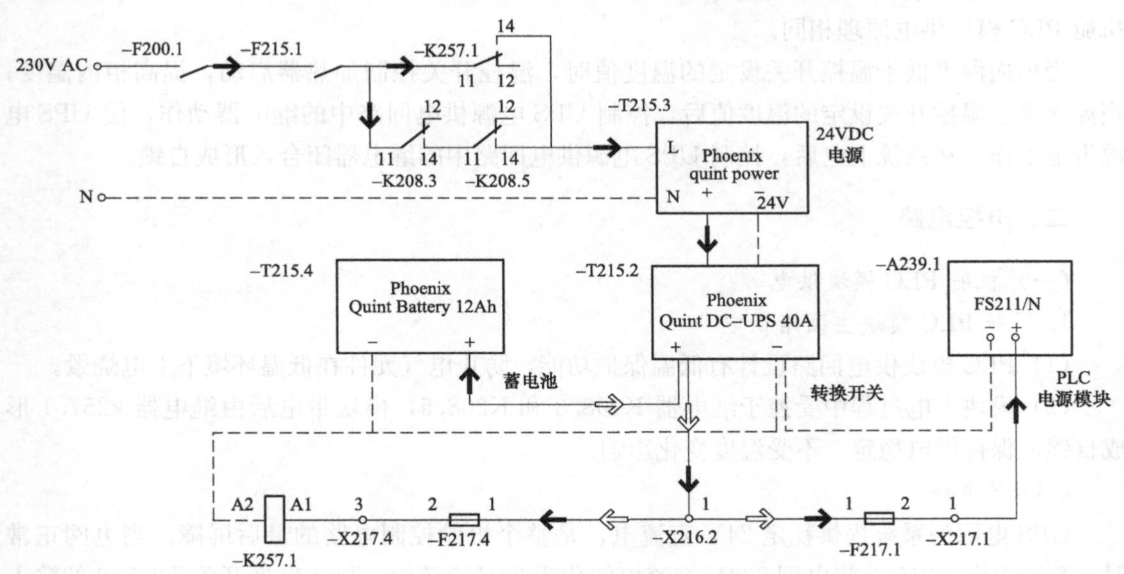

图 2-6　UPS 电源供电回路

三、变桨后备电源

电网正常时，电网为变桨系统供电，同时对电池系统的蓄电池进行充电。

（1）断路器 F200.1：手动闭合，过载电流为 20A。

（2）接触器 K210.2：外控电路控制其吸合。

控制柜温度高于温控开关设定的温度值时，继电器 K208.3 与 K208.5 动作，接触器 K210.2 线圈带电，控制其主触点闭合，进而整流器 V200.5 带电，为变桨系统和电池提供直流电。在整个系统启动后，由主控 PLC 的模块 A242.1 的 57 口向继电器 K257.2 输出直流 24V 数字信号，使接触器 K210.2 线圈供电回路形成自锁（见图 2-7、图 2-8）。

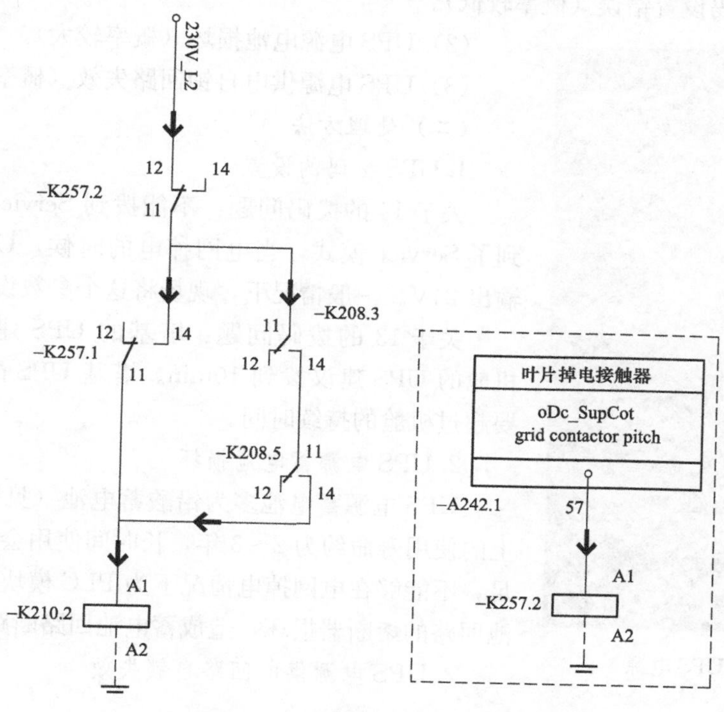

图 2-7 机舱 400V 交流供电回路

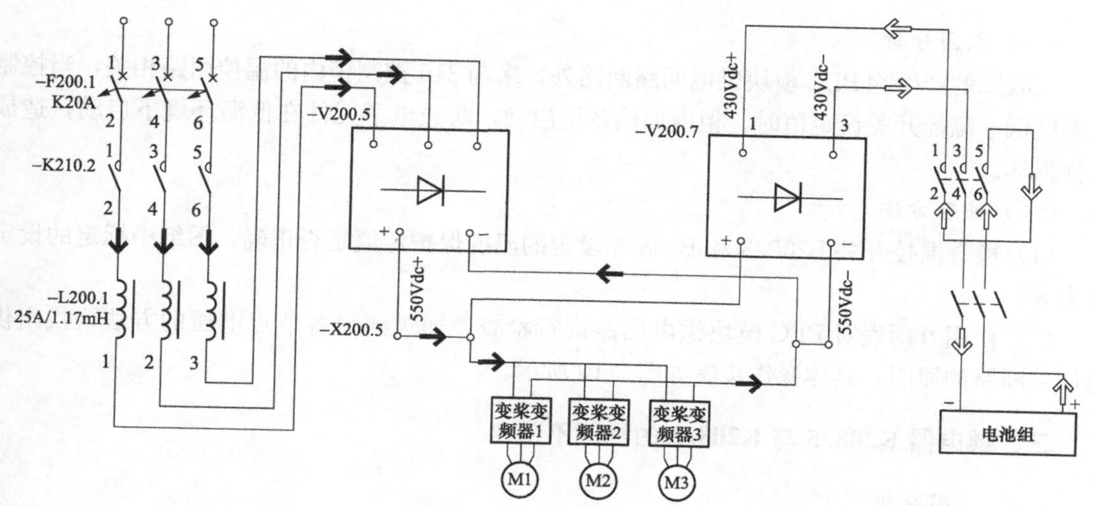

图 2-8 机舱 550V 直流供电电路

第三节　典型故障处理

一、电网掉电 UPS 电源立刻失电

（一）原因分析

（1）UPS 拨码设置错误（概率较低）。

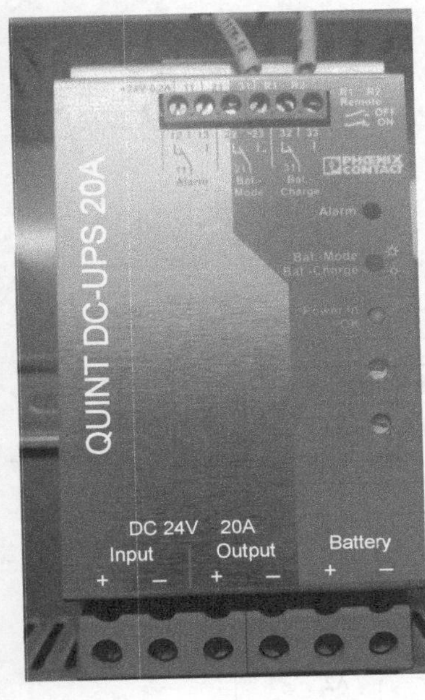

图 2-9　UPS 电源

（2）UPS 电源电池损坏（概率较大）。

（3）UPS 电源供电自锁回路失效（概率较大）。

（二）处理方法

1. UPS 拨码的设置

关于 14 的拨码问题：不能拨到 Service 模式，如果拨到了 Service 模式，当电网掉电的时候，UPS 会马上停止输出 24V。一般情况下，现场将这个参数设置在 7.2 档。

关于 13 的拨码问题：塔基的 UPS 建议拨到 20min。机舱的 UPS 建议拨到 10min。塔基 UPS 的持续时间一定要超过机舱的持续时间。

2. UPS 电源蓄电池损坏

UPS 电源蓄电池多为铅酸蓄电池（见图 2-9），在风机上的使用寿命约为 2～3 年，长时间使用会出现电池容量不足，不能够在电网掉电情况下为 PLC 模块提供续航。蓄电池回路的熔断器损坏，造成蓄电池回路断路。

3. UPS 电源供电回路自锁失效

二、电网送电后 PLC 模块供电端口无电压

（一）原因分析

该故障的产生除 PLC 模块供电回路断路外，多与 310 控制柜内的温控回路相关，当控制柜温度低于温控开关设定值时，柜内加热系统启动，防止电子元件在低温环境下启动，造成元件损坏。

（二）处理方法

（1）检查温控开关 B208.3 和 B208.5 设定的温度保护定值是否正确，图纸中标定的设定值为 8℃。

（2）使用万用表对 PLC 模块供电回路进行检查，通过测量各节点电压的方法，找出供电回路断路的原因。具体操作步骤如图 2-10 所示。

三、继电器 K208.5 与 K208.3 的线圈不带电

（一）原因分析

继电器 K208.5 和 K208.3 均受控于温度开关 B208.3 和 B208.5，当电控柜内温度值达到

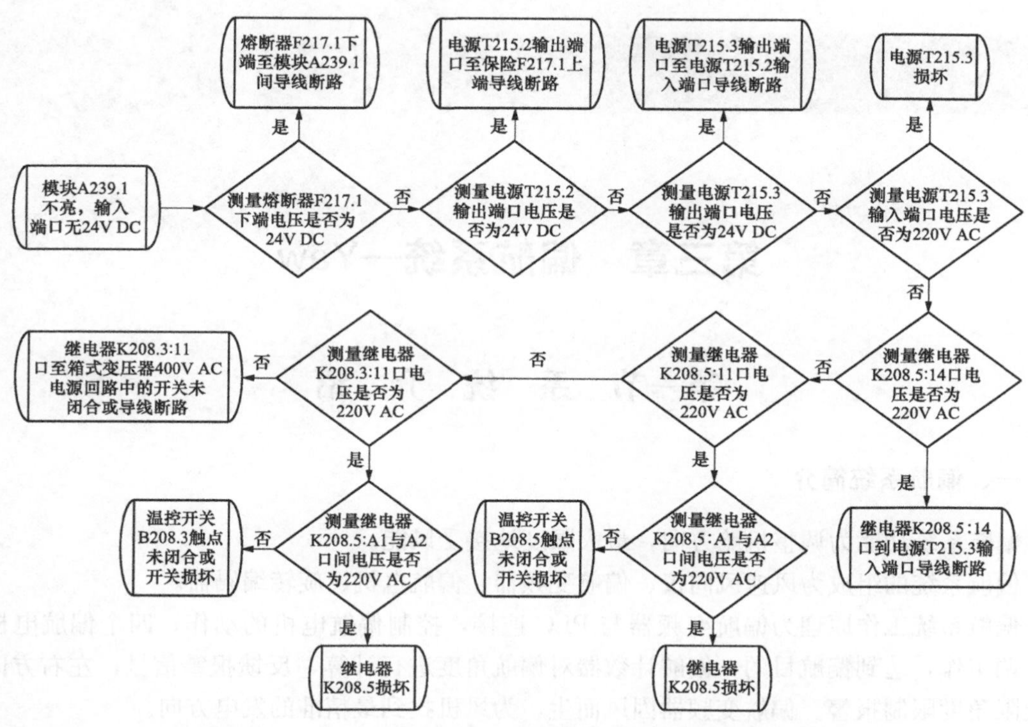

图 2-10　电网送电后 PLC 模块供电端口无电压故障处理逻辑导图

其温度开关的设定值后，温度开关触点动作，继电器 K208.5 与 K208.3 线圈得电，开关触点动作。

（二）处理方法

以继电器 K208.5 线圈不带电故障为例，使用万用表对其供电回路进行检查，通过测量各节点电压的方法，找出供电回路断路的原因。具体操作步骤如图 2-11 所示。

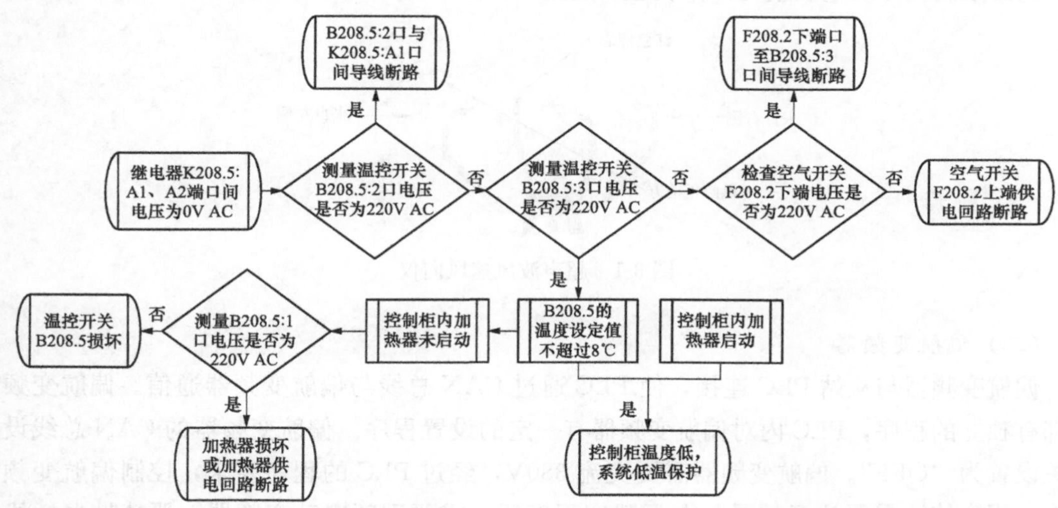

图 2-11　继电器 K208.5 与 K208.3 的线圈不带电故障处理逻辑导图

第三章 偏航系统—Yaw

第一节 系 统 介 绍

一、偏航系统简介

偏航系统功能为调整机舱方向，最大限度地接受风能。

偏航系统的组成为风速风向仪、偏航变频器、偏航电机、旋转编码器。

偏航系统工作原理为偏航变频器与 PLC 连接，控制偏航电机的动作；四个偏航电机统一协调工作，达到偏航目的；偏航计数器对偏航角度进行计算，反馈报警信号；左右方向偏航极限角度限制报警。偏航变频器因风而生，为风机找到最精准的发电方向。

二、主要部件介绍

（一）风速仪

SL1500 风力发电机组使用的是超声波风速风向测试仪。风速仪可以各种环境下测量风速、风向、外界温度，并通过防雷模块（输入接风速仪、输出接口）和串行通信数据线传给从属 PLC。通过对风向的测试，确定风力发电机组与正风向之间的夹角。通过对风速的检测，从而限制风力发电机组的工作状态（见图 3-1）。

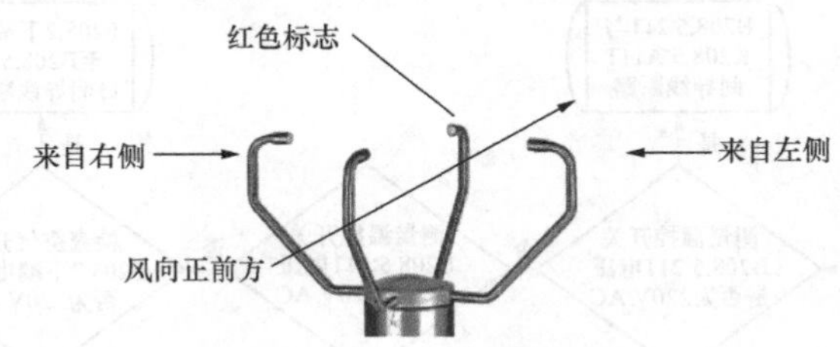

图 3-1　超声波风速风向仪

（二）偏航变频器

偏航变频器与从站 PLC 连接，使 PLC 通过 CAN 总线与偏航变频器通信。偏航变频器内部有独立的程序，PLC 内对偏航变频器有一定的设置程序。偏航变频器的 CAN 总线设置开关设置为“OFF”。偏航变频器需要交流 380V，经过 PLC 的程序要求，控制偏航变频器动作。程序传输需要注意的是，在下载完程序后，需要重新启动变频器，严禁带电插拔数据线。

（三）偏航电机

偏航电机的额定工作电压是交流 380V，额定转速为 1350r/min（不同厂家的不一样），额定功率 2.2kW。偏航电机通过偏航齿轮箱与偏航大齿圈咬合。偏航电机有温度控制开关保护电机在正常温度范围内工作，偏航电机刹车反馈微动开关用于检测偏航电机刹车盘是否打开（正常情况是：偏航时打开，不进行偏航时关闭）（见图 3-2）。

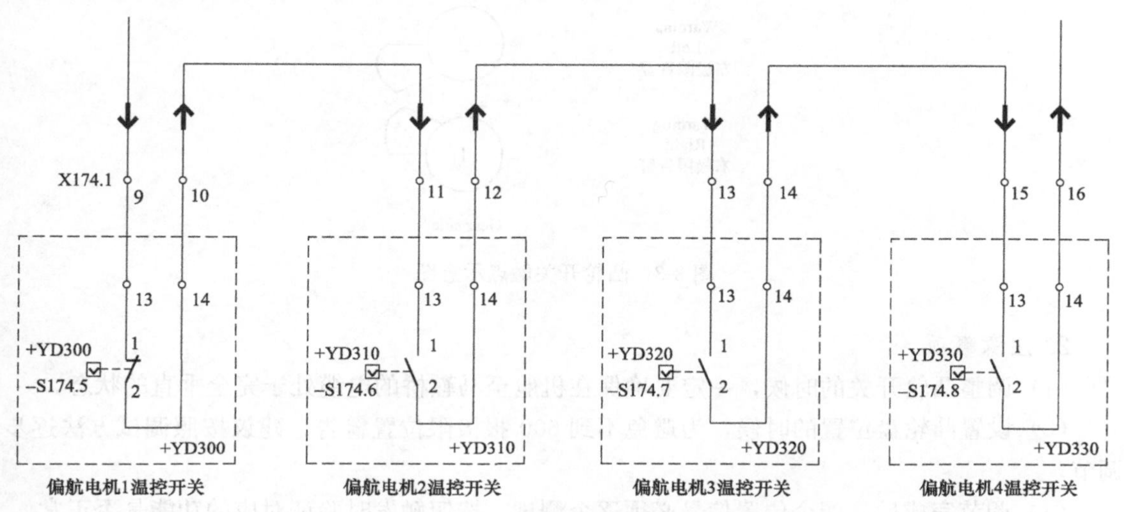

图 3-2 偏航温控开关供电电路

（四）凸轮开关（偏航解缆器）

凸轮开关主要执行两个任务，分别是检测机舱偏航超出工作位置和计算偏航旋转角度。

1. 凸轮开关调试

检查风机塔筒的动力电缆是否完全垂直，在动力电缆完全垂直的情况下设置凸轮开关的零位置，设置方法：

（1）打开偏航解缆传感器，由外至内分别是 4 号、3 号、2 号、1 号凸轮，调整控制 4 号凸轮（左右信号）位置的螺钉，使 4 号凸轮位置的正视图如右图所示，且凸轮边缘恰好与触点接触。

（2）调整 1 号凸轮（右转解缆信号），将白色小齿轮顺时针（俯视）旋 36 圈，使 4 号凸轮位置的正视图如右图所示，且凸轮边缘恰好与触点接触。

（3）调整 3 号凸轮（告警信号），将白色小齿轮顺时针（俯视）旋 2 圈，调整 3 号凸轮螺钉，使凸轮从逆时针（俯视）方向与触点接触。

（4）将白色小齿轮逆时针旋转 38 圈，4 号凸轮回到 0 位置。

（5）调整 2 号凸轮（左转解缆信号），将白色小齿轮逆时针（俯视）旋 36 圈，使 2 号凸轮位置的正视图如图 3-3 所示，且凸轮边缘恰好与触点接触。

（6）将白色小齿轮逆时针（俯视）旋 2 圈，调整 3 号凸轮螺钉，使凸轮从顺时针（俯视）方向与触点接触。

（7）将白色小齿轮逆时针旋转 38 圈，4 号凸轮回到 0 位置。

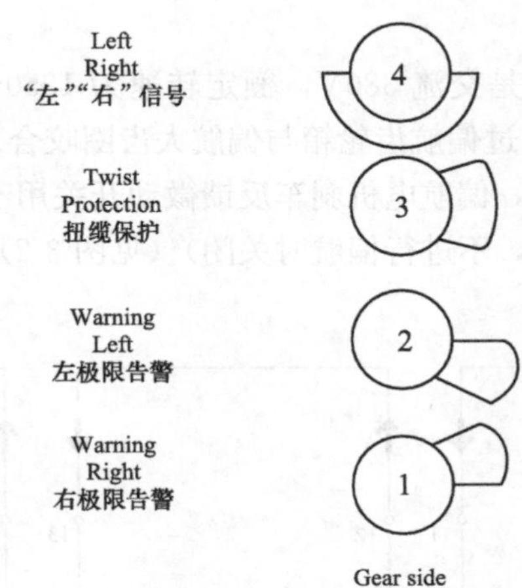

图 3-3　凸轮开关触点示意图

2. 注意事项

（1）调整凸轮开关的时候，一定要确保在机舱至马鞍桥的电缆处于完全垂直的状态。

（2）设置凸轮盘位置的时候，为避免不到 600°报极限位置警告，建议按照调试方法逐步调节。

（3）调节完成后，四个位置信号必须逐个测试，按钮触发时验证对应的功能是否正常。

（4）若左右告警触点调节角度不准确，有可能导致偏航角度未达到自动解缆角度时，左或右极限位置开关已经触发。此时若机舱处于启动状态，则主控 PLC 会长时间处于“SetUp”状态（见图 3-4）。

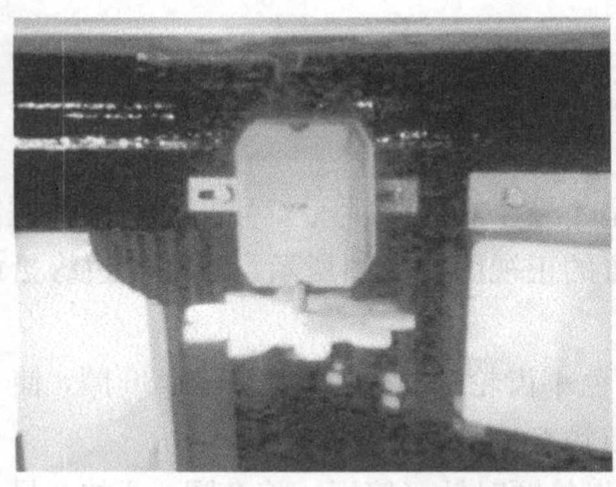

图 3-4　凸轮编码器实物图

第二节　电　控　原　理

一、电控原理介绍

1. 自动模式下偏航系统启动

（1）风速仪测得 5min 平均风速超过切入风速（2.5m/s），且机舱角度与对风角度偏差

超过±12°时，风机开始偏航对风。

（2）机舱偏航零位丢失，零位初始化状态为“FALSE”；风机启机过程中首先进入初始化状态，此时进行自动偏航，寻找偏航零位。

（3）风机偏航对风角度超出程序设定的扭缆保护角度时，进行反向自动偏航接缆。

2. 服务模式下偏航系统启动

（1）通过操作控制面板、SCADA 软件、虚拟操作屏等方法，控制偏航系统进行顺时针方向和逆时针方向偏航。自动模式下，当机舱偏航初始化零位设定值为“TURE”，风速仪测得 5min 平均风速超出风机切入风速，风机对风角差超过±12°时，机组可实现自动偏航对风。

（2）接入手动操作盒，偏航电机刹车打开，按下手动操作盒上的左、右方向偏航按钮，控制机组进行左右方向偏航。

二、电控电路

（一）主回路供电

（1）当主控 PLC 检测到安全链急停回路没有故障，数字模块 A242.1 的 75 口向接触器 K156.2 的线圈输出直流 24V，控制接触器 K156.2 的主触点闭合。电网三相交流 230V 交流电经断路器 F118.2、电抗 L118.3、斩波器 Z118.3 后接入偏航变频器 U118.6 的 L1、L2、L3 输入端口。

（2）偏航变频器接收到偏航信号后，偏航变频器 U118.6 的 29 口向继电器 K118.8 输出直流 24V 信号，控制 4 个偏航电机打开电机制动刹车，偏航电机刹车闸瓦松闸时带动各自微动开关 V122.2、V122.4、V122.5、V122.7 触点闭合，待偏航变频器 U118.6 的 10 口接收到直流 24V 反馈信号后，偏航变频器向 4 个偏航电机供电，控制偏航电机动作（见图 3-5）。

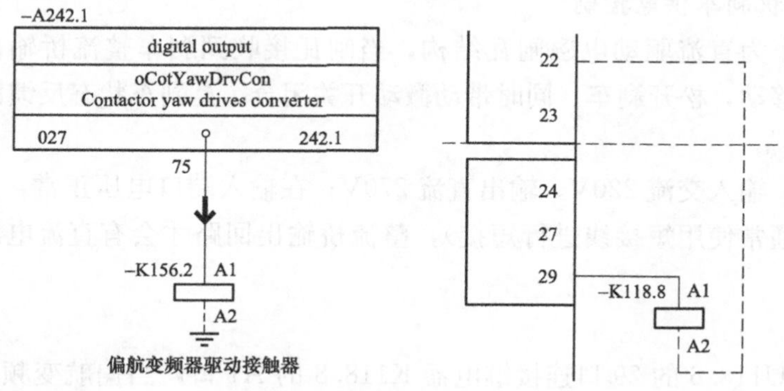

图 3-5　偏航驱动控制供电电路

（二）控制侧回路供电

（1）偏航电机热保护端口（T1、T2）：串联 4 个偏航电机的温度保护常闭开关，当偏航电机超过 90℃时，其温度保护开关断开，触发偏航电机温度高故障。

（2）偏航制动电阻 R118.5：消除偏航电机启停过程中回路产出的感应电流，此电阻损坏在偏航电机启停的瞬间经常出现 F118.2 断开的现象。

(3) 偏航刹车反馈端口 (fb-yaw-brake)：偏航刹车状态反馈，当偏航电机刹车打开时，微动开关 V122.2、V122.4、V122.5、V122.7 常开触点闭合，从变频器 20 口输出的直流 24V 数字信号输入到变频器 10 口，变频器判定偏航电机刹车已经全部打开。变频器 10 口只在风机偏航过程中常有直流 24V。

(4) 偏航零位初始化端口 (fb-left/right)：偏航零位初始化，当该端口有直流 24V 数字信号时，判定机舱当前处于偏航零位的右侧；当该端口无直流 24V 数字信号时，判定机舱当前处于偏航零位的左侧；当机舱偏航经过零位时，该端口出现一次直流 24V 数字信号得失变化。在主控 PLC 程序中根据该端口直流 24V 信号的得失变化确定偏航零位。

(5) 偏航左极限报警端口 (fb-warn-lift)：偏航角度左极限警告，当机组偏航至左极限位置时，触发左极限保护开关，偏航变频器 12 号端口失电，偏航系统发出左极限告警。

(6) 偏航右极限报警端口 (fb-warn-right)：偏航角度右极限警告，当机组偏航到达右极限位置时，触发左极限保护开关，偏航变频器的 13 号端口失电，偏航系统发出右极限告警。

(7) 操作盒右反馈输入端口 (SB-forward)：手动操作盒控制机组左偏航数字信号输入端口，当手动操作盒接入后，操作左偏航按钮使该端口带电，机组进行左偏航。

(8) 操作盒右反馈输入端口 (SB-backward)：手动操作盒控制机组右偏航数字信号输入端口，当手动操作盒接入后，操作右偏航按钮使该端口带电，机组进行右偏航。

(9) 扭缆保护反馈端口 (fb-twist/protec-a)：机组扭缆保护端口，当机组向同一个方向持续偏航超过 720°时，触发扭缆保护开关，该端口失电，机组触发安全链故障停机。

(10) 操作盒反馈端口 (fb-SB)：手动操作盒接入状态端口，当接入手动操作盒时，该端口带电，同时系统此时报变桨控制盒接入故障。

(11) 变频器输出端口 (24V-con-out)：偏航变频器对外直流 24V 数字信号输出端口，变频器本身无故障时，该端口常用直流 24V (见图 3-6)。

(三) 偏航电机刹车供电控制

偏航电机刹车为直流驱动电磁闸瓦结构，当闸瓦接收到刹车整流桥输出的直流 270V，闸瓦摩擦片向上移动，松开刹车。同时带动微动开关闭合，是刹车状态反馈回路闭合。

1. 主供电回路

刹车整流桥：输入交流 220V，输出直流 270V；在输入端口电压正常，且整流桥上的开关触点闭合时 (通常使用短接线进行短接)，整流桥输出回路才会有直流电压输出 (见图 3-7)。

2. 控制回路

偏航变频器 U118.6 的 29 口连接继电器 K118.8 的 A1 口，当偏航变频器执行偏航动作指令时，其控制 29 口输出直流 24V 电压信号，控制继电器 K118.8 线圈带电，触点闭合，使偏航电机刹车整流桥输入端带电。

3. 状态反馈回路

偏航刹车状态反馈回路由 4 个常开微动开关串联组成，当刹车电机闸瓦动作时，带动微动开关闭合，使偏航变频器 20 口输入的直流 24V 信号经 4 个偏航电机刹车微动开关后，接入偏航变频器 10 口 (见图 3-8、图 3-9)。

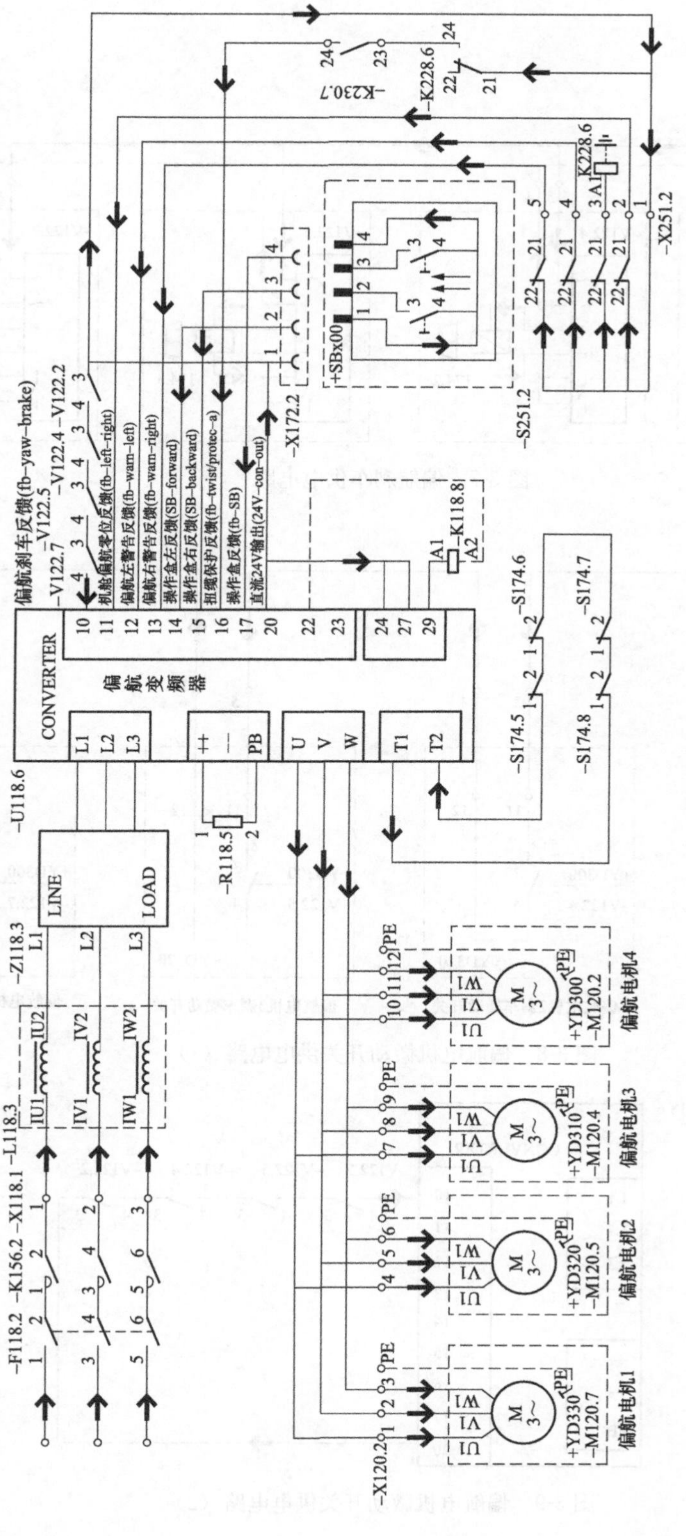

图 3-6 偏航系统电控电路

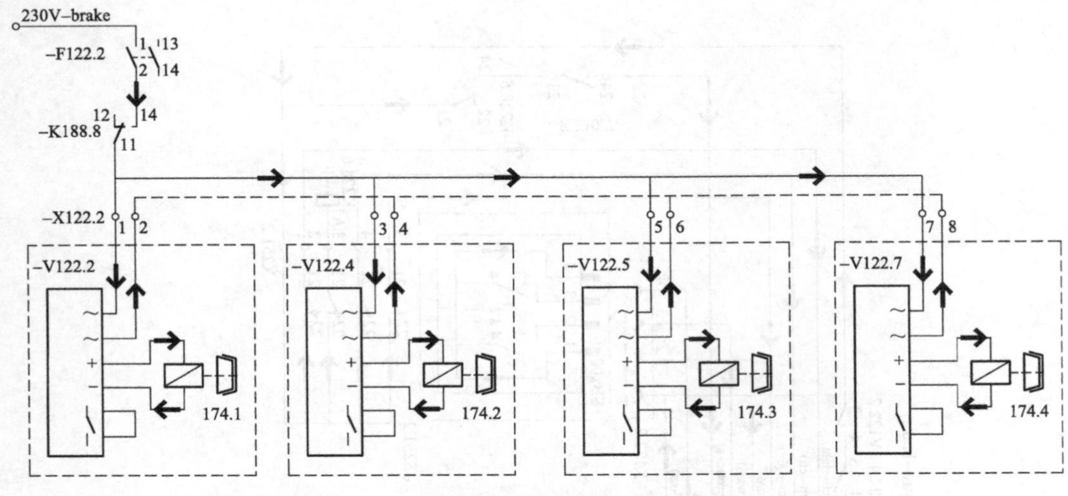

图 3-7　偏航刹车供电电路

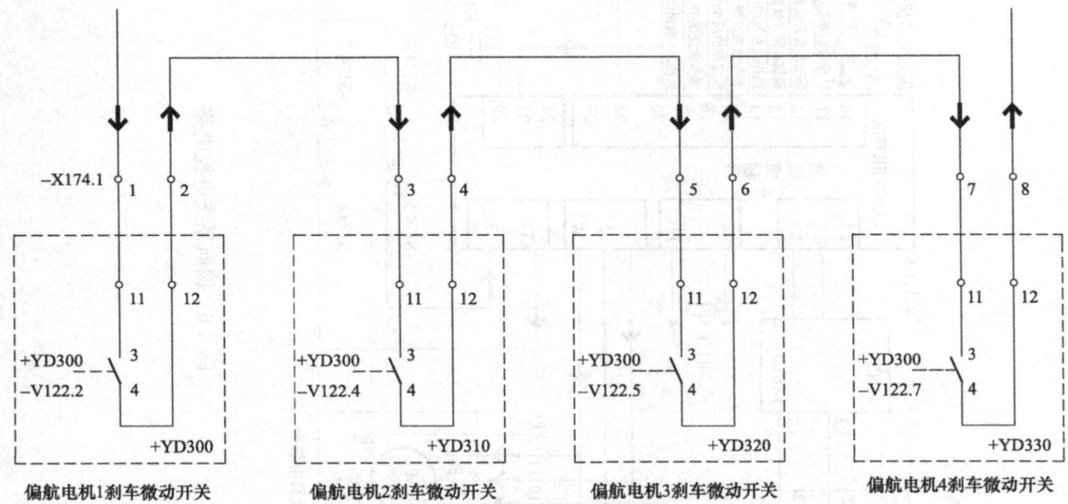

图 3-8　偏航电机微动开关供电电路（1）

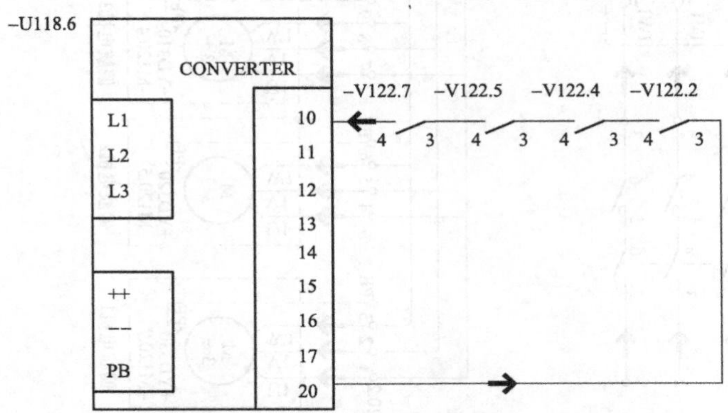

图 3-9　偏航电机微动开关供电电路（2）

第三节 典型故障处理

一、偏航变频器过流

（一）原因分析

（1）偏航刹车反馈信号被屏蔽，偏航刹车未打开。

（2）偏航减速机损坏，减速机行星齿断齿。

（3）偏航变频器软件参数配置错误，偏航启动时间等参数需重新配置。

（4）偏航变频器损坏。

（二）处理方法

（1）检查偏航电机刹车是否全部打开，是否有电机损坏，检查偏航刹车系统接线是否良好。

（2）如果偏航功率大于11kW，建议调整偏航力矩。

（3）偏航减速机损坏。

（4）根据不同厂家偏航电机的特性，优化偏航变频器对应控制参数（见表3-1）。

表3-1　　偏航电机参数配置表

<table>
<tr><th>序号</th><th>ID</th><th>参数名称</th><th>Index</th><th>Sub Index</th><th>设定值</th><th>江特电机优化值</th><th>SEW电机优化值</th><th>MGM电机优化值</th><th>邦飞利电机优化值</th><th>北京毕捷电机优化值</th><th>对应PLC故障</th><th>对应偏航子故障</th></tr>
<tr><td>1</td><td>Dr04</td><td>功率因数 DASM rated cos（phi）</td><td>2604</td><td></td><td>78</td><td>80</td><td>73</td><td>78</td><td>83</td><td>75</td><td rowspan="6">Err819（Yaw converter error has occured, for error code see variable Glo. Yaw. Err）</td><td rowspan="6">Yaw Err004（Instantancous overcurrent>43A）</td></tr>
<tr><td>2</td><td>Dr00</td><td>额定电流 DASM rated current</td><td>2600</td><td></td><td>208</td><td>200</td><td>216</td><td>200</td><td>212</td><td>190</td></tr>
<tr><td>3</td><td>Dr01</td><td>额定转速 DASM rated speed</td><td>2601</td><td></td><td>1420</td><td>1438</td><td>920</td><td>1415</td><td>1350</td><td>1410</td></tr>
<tr><td>4</td><td>oP28</td><td>加速时间 acc. time for.</td><td>231C</td><td></td><td>100</td><td colspan="5">400</td></tr>
<tr><td>5</td><td>oP30</td><td>减速时间 dec. time for.</td><td>231E</td><td></td><td>50</td><td colspan="5">200</td></tr>
<tr><td>6</td><td>uF01</td><td>提升电压 boost</td><td>2501</td><td></td><td>70</td><td colspan="5">60</td></tr>
</table>

注　如果偏航功率确实较高（如：高于11kW），且改完参数仍未能解决问题，则有可能偏航螺栓力矩太大或偏航电机工作异常导致。

bachmann机组偏航参数修改方法：

按照图示操作（操作方法与 solutioncenter 修改 KEB 变桨参数类似）：

（1）双击选中的机组号，如 FB24（86.74.24.130），找到 CAN 菜单下的 Nr.2（pitch）并双击，再双击 ID 40 CAN2_Yaw。

（2）双击 Monitor 下的 SDO Access 标签；在右边 SDO Index 中输入主地址，SDO Sub-Index 中无需输入。

（3）比如改功率因数 Dr04 时，只要在 SDO Index 中输入 2604，再点击 Read 按钮，在其下方的文本框中就会显示功率因数的当前值 78，把 78 改为 80 后点击 Write 按钮，此时修改后的参数就能保存到偏航变频器中（见图 3-10）。

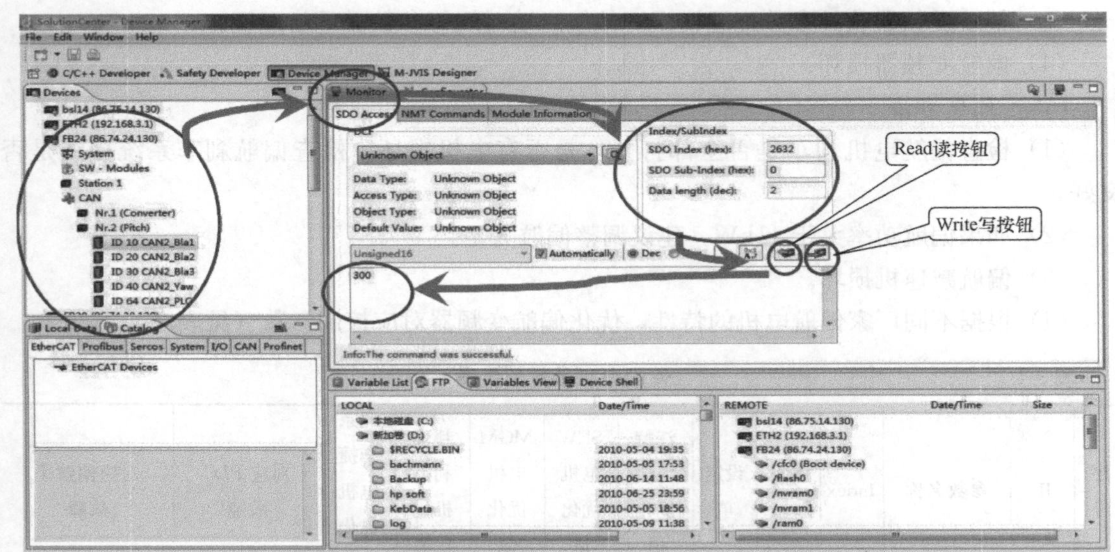

图 3-10　偏航电机参数优化操作示意图

二、偏航功率低于限制值 Err824

（一）原因分析

风机偏航运行时，偏航功率低于 3kW，且持续时间超过 5s，偏航功率低故障产生。故障原因多为偏航螺栓松动力矩降低；以及偏航减速机渗油，偏航大齿圈平台出现较多油污，降低偏航摩擦系数导致。

（二）处理方法

（1）检查偏航时控制面板显示的偏航功率是否小于 3kW。

（2）调整偏航螺栓力矩，尽量保证偏航功率在夏天为 4～6kW；冬天为 6～8kW。

（3）检查偏航减速机是否渗油，大齿圈平台是否有较多油污，对存在的油污进行清理。

三、YawErr031 偏航电机刹车反馈信号丢失

（一）原因分析

偏航变频器发出偏航电机刹车打开指令后，未收到偏航刹车打开的状态反馈信号。

（二）处理方法

此故障为动态瞬时故障，即偏航电机刹车打开动作只维持很短时间，就因故障触发而结束。因此对该故障的处理，需要将偏航电机机械刹车闸瓦强制打开，并保持其打开状态不变，检查刹车闸瓦是否真实动作、刹车状态反馈回路是否正常（见图 3-11）。

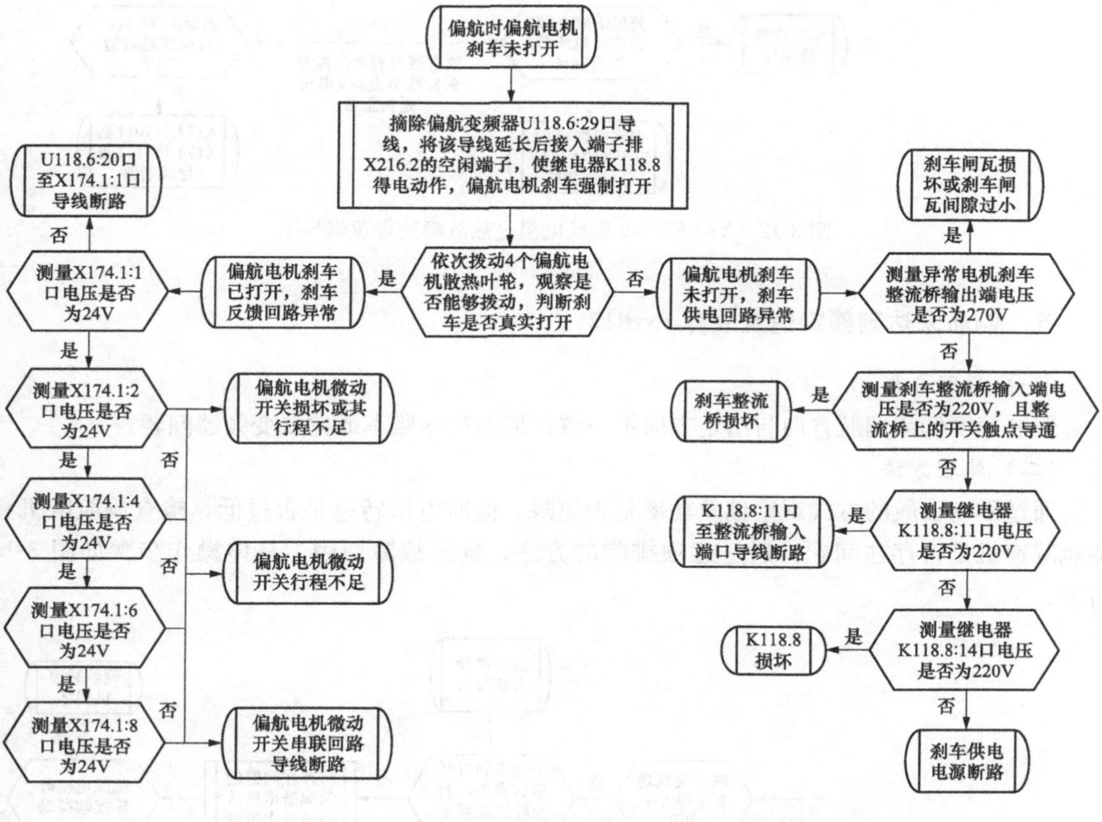

偏航时偏航电机刹车未打开

摘除偏航变频器U118.6:29口导线，将该导线延长后接入端子排X216.2的空闲端子，使继电器K118.8得电动作，偏航电机刹车强制打开

依次拨动4个偏航电机散热叶轮，观察是否能够拨动，判断刹车是否真实打开

是 → 偏航电机刹车已打开，刹车反馈回路异常

测量X174.1:1口电压是否为24V

否 → U118.6:20口至X174.1:1口导线断路

是 → 测量X174.1:2口电压是否为24V

否 → 偏航电机微动开关损坏或其行程不足

是 → 测量X174.1:4口电压是否为24V

否 → 偏航电机微动开关行程不足

是 → 测量X174.1:6口电压是否为24V

是 → 测量X174.1:8口电压是否为24V

否 → 偏航电机微动开关串联回路导线断路

否 → 偏航电机刹车未打开，刹车供电回路异常

测量异常电机刹车整流桥输出端电压是否为270V

是 → 刹车闸瓦损坏或刹车闸瓦间隙过小

否 → 测量刹车整流桥输入端电压是否为220V，且整流桥上的开关触点导通

是 → 刹车整流桥损坏

否 → 测量继电器K118.8:11口电压是否为220V

是 → K118.8:11口至整流桥输入端口导线断路

否 → 测量继电器K118.8:14口电压是否为220V

是 → K118.8损坏

否 → 刹车供电电源断路

图 3-11　YawErr031 偏航电机刹车反馈信号丢失故障处理逻辑导图

四、YawErr009 偏航电机过热

（一）原因分析

偏航电机绕组温度超过 90℃时，电机内部热保护开关动作，常闭触点打开，使偏航变频器的 T1、T2 端口断路。

（二）处理方法

当该故障触发且不可复位时，首先检查四个偏航电机温度。可用手去感应偏航电机外壳温度，若偏航电机绕组真实存在超温现象，受热传递作用，偏航电机外壳温度较高，手动触摸会有烫手感觉。若无此现象则多为偏航电机温度保护回路出现短路问题，可检查温控开关线路是否有松动或断开，检查偏航电机是否有损坏（见图 3-12）。

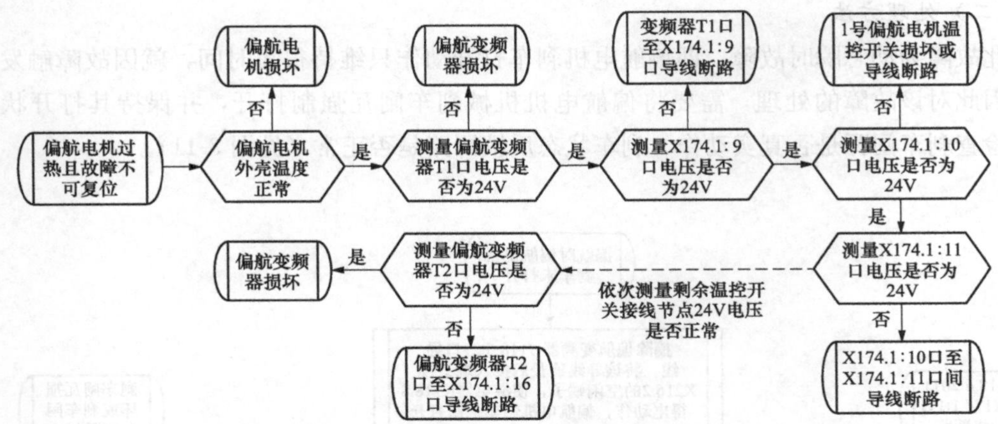

图 3-12　YawErr009 偏航电机过热故障处理逻辑导图

五、偏航未达到额定速度故障 Err812

（一）原因分析

偏航速度低或偏航方向与给定方向不一致；偏航程序版本或偏航变频器问题。

（二）处理方法

通过手动偏航的方式观察偏航功率是否超限、偏航电机转速是否过低，检查偏航电机和偏航减速机是否存在问题。通过逐项排除的方法，确定故障原因。具体操作步骤如图 3-13 所示。

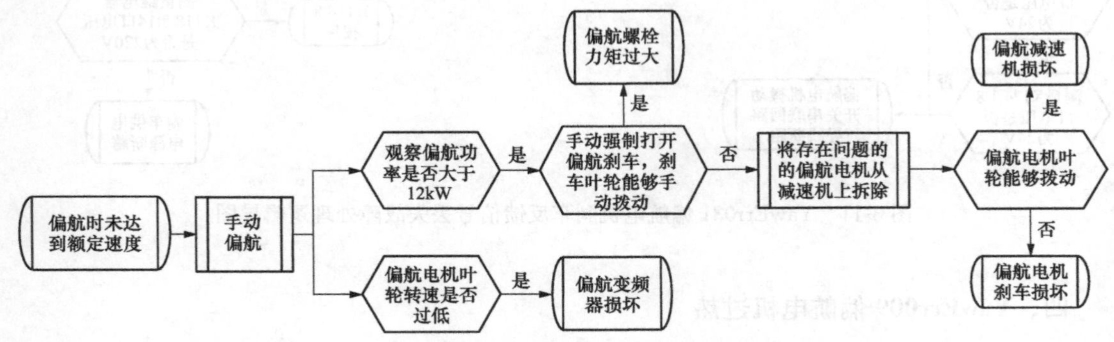

图 3-13　偏航未达到额定速度故障处理逻辑导图

六、偏航停止状态下机舱位置变化 Err815

（一）原因分析

未偏航时，系统检测到机舱角度发生变化。

（二）处理方法

偏航电机刹车处于常开状态、测量机舱角度变化的凸轮编码器故障是造成该故障产生的两个主要原因。具体检查和分析方法如图 3-14 所示。

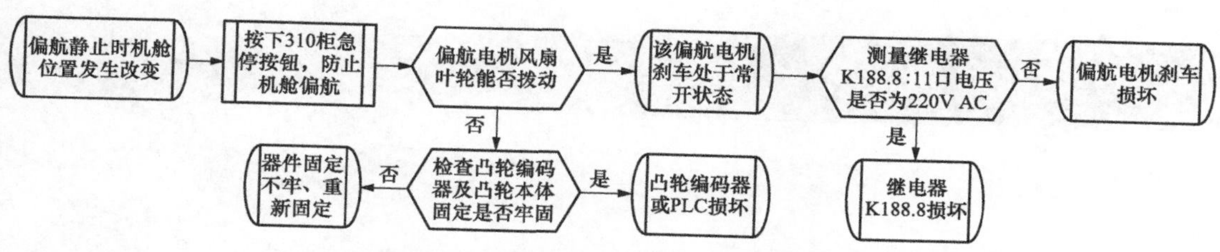

图 3-14 偏航停止状态下机舱位置变化故障处理逻辑导图

对于 MGM 偏航电机，正上方（外壳顶部）螺钉为手动强制打开偏航电机刹车手柄，若该手柄没有去除，将导致偏航电机刹车一直处于打开状态（见图 3-15）。将 MGM 偏航电机上方螺钉去除即可。

MGM 偏航电机没有冷却风扇，无法通过拨动风扇叶轮的方式判断刹车是否打开，因此可通过观察偏航刹车打开过程中是否有“咔”的声音发出，进行简单判断。

图 3-15 MGM 偏航电机刹车手柄实物图

七、偏航时机舱位置无变化 Err813

（一）原因分析

偏航时，主控 PLC 未检测到机舱角度发生变化。机舱角度由凸轮编码器进行测量，测量的信号为周期性数字脉冲信号，分别是 encA 与 encB。机组偏航时，PLC 模块指示灯交替闪亮，机舱角度数字发生变化。

（二）处理方法

服务模式下启动偏航系统，观察机舱角度是否变化、机舱角度数值变化是否合理，判断凸轮编码器及其接线回路是否正确。具体检查方法和步骤如图 3-16 所示。

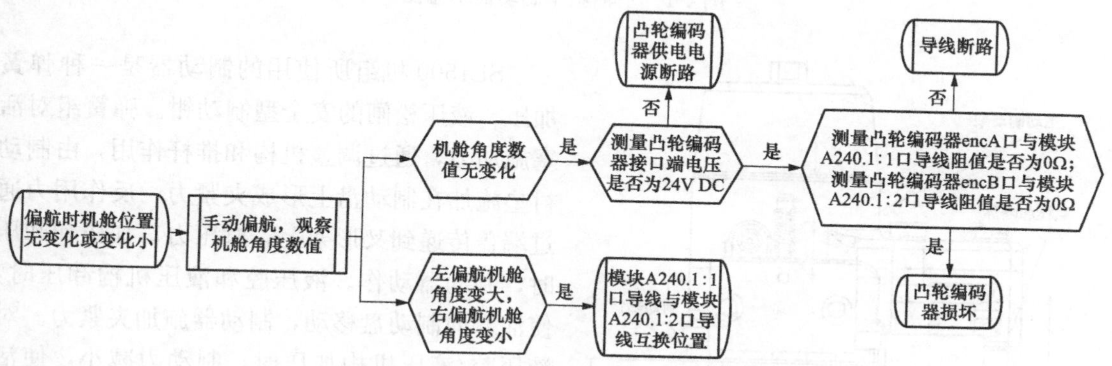

图 3-16 偏航时机舱位置无变化故障处理逻辑导图

第四章 制动系统—Brake

第一节 系 统 介 绍

一、刹车系统功能介绍

SL1500 机组的制动系统设置在齿轮箱的高速端，这样可以降低制动所需要的力矩。制动盘安装在齿轮箱高速端的输出轴上。制动钳和制动器液压站分别安装在齿轮箱尾部的安装面上。制动器是一个液压动作盘式制动器，用于锁住转子，主要由制动器液压站、制动钳、制动盘、连接管路组成（见图 4-1）。

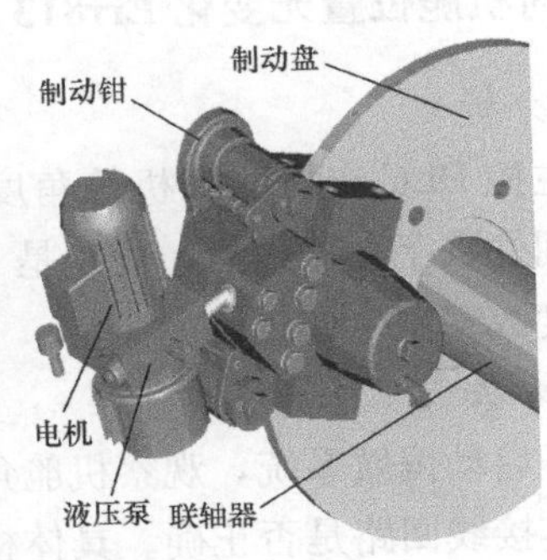

图 4-1 主轴刹车制动器示意图

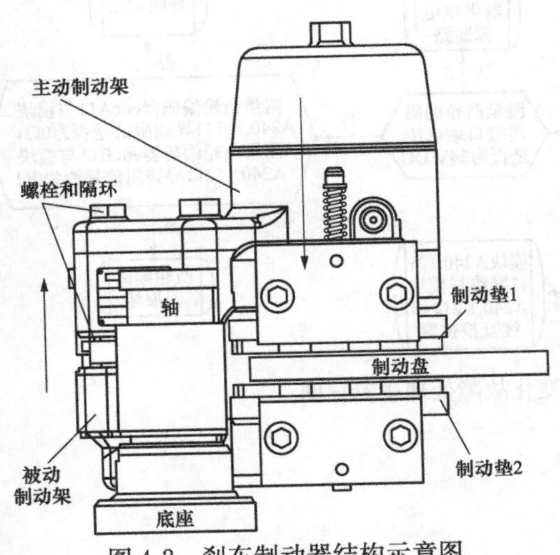

图 4-2 刹车制动器结构示意图

SL1500 机组所使用的制动器是一种弹簧加压、液压松闸的安全型制动钳。弹簧组对活塞施加力，通过调整机构和推杆作用，由制动衬垫施加在制动盘上形成夹紧力。反作用力通过端盖传递到叉形架上。对压力口加压和卸压时，制动器动作。液压腔和液压机构卸压时，使活塞向制动盘移动，制动器施加夹紧力。对液压腔/液压机构加压时，制动力减小，使活塞向远离制动盘的方向移动（向端盖移动）。制动衬垫缩回弹簧（安装在制动衬垫中）拉开制动衬垫，使制动盘可以自由转动。如图 4-2 所示制动器主动钳中的碟形弹簧使活塞头推动

摩擦片 1 压紧制动盘，因为反作用力，摩擦片 2 沿着基座的光轴向制动盘的方向移动实现制动功能。

二、制动器工作原理

当风力发电机不需要制动时，接通电机 4 和电磁阀 21.1 的电源。电机向系统提供压力油，压力油通过主油路进入制动钳的油缸里，压缩弹簧使活塞向后运动松开制动钳。压力继电器 17 控制着系统的压力保持恒定。但当系统的压力大于溢流阀的启动压力时，为保护系统，部分压力油溢流回油池。

当风力发电机需要制动时，电机和电磁阀断电。弹簧推动活塞向前运动，压力油通过卸油回路流回油池，如图 4-3 所示。

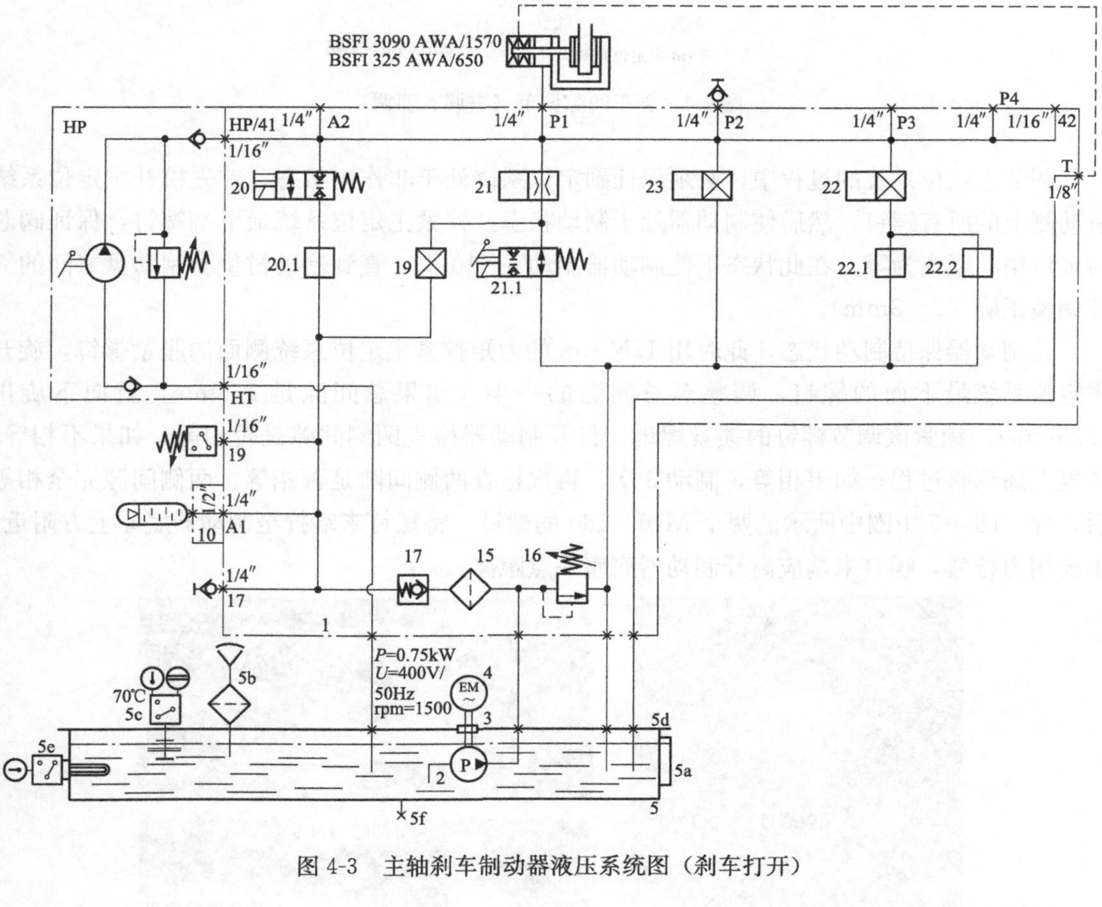

图 4-3 主轴刹车制动器液压系统图（刹车打开）

（一）制动器闸片间隙调节方法

气隙是指制动衬垫和制动盘之间的间隙。总气隙在工厂已完成设定，无法调节。根据制动器的规格（弹簧力）和型式，实际气隙在 1.5～2.5mm 之间。如果需要改变总气隙，必须在专门的液压车间拆卸并改变气隙。检查气隙前，须使制动器动作 5～10 次，确保正确调整。

现场进行闸片间隙调整主要是调整制动器，使制动盘置中。图 4-4（a）中为主定位系统和图 4-4（b）副定位系统，两个螺钉是副定位系统。要保证两侧间隙相等，可用主定位系统来调节，副定位系统在主定位系统失效的情况下，仍可保证定位精度，起到熔断器作用，确保两侧间隙相等。检查 2 根 M10×180/200mm 的螺栓和弹簧是否装入被动制动钳中。

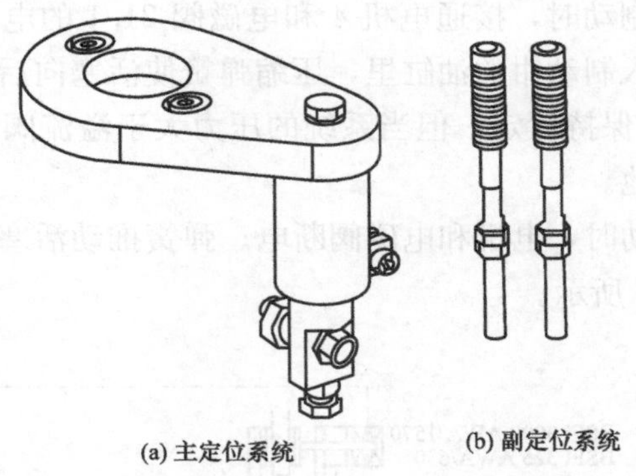

(a) 主定位系统　　(b) 副定位系统

图 4-4　刹车间隙调节（主调、辅调）

调节主定位系统的过程中，必须保证副定位系统处于非作用状态。首先松开主定位系统滑动侧上的所有螺钉，然后使制动器处于制动状态，拧紧主定位系统最下端螺钉，保证阀芯与定位销间距离为零。在此状态下使制动器制动 5～10 次。直到制动衬垫和制动盘之间的气隙调整正确（2～3mm）。

让制动器保持制动状态，此时用 17N·m 的力矩拧紧主定位系统侧面的胀紧螺钉，旋开主定位系统最下面的螺钉，调整至总间隙的一半（如果总间隙是 2.5mm，就向下旋出 1.25mm）。锁紧该调节螺钉的锁紧螺母，打开制动器检查两侧间隙是否相等，如果不相等，重复上述调整过程；如果相等，制动 3 次，再次检查两侧间隙是否相等。两侧间隙完全相等后，拧下图 4-5 中圈中所示的两个 M10×180 的螺钉，将螺钉末端拧至制动器底座上方附近，不要用力拧紧，螺钉末端应离开制动器底座一点距离。

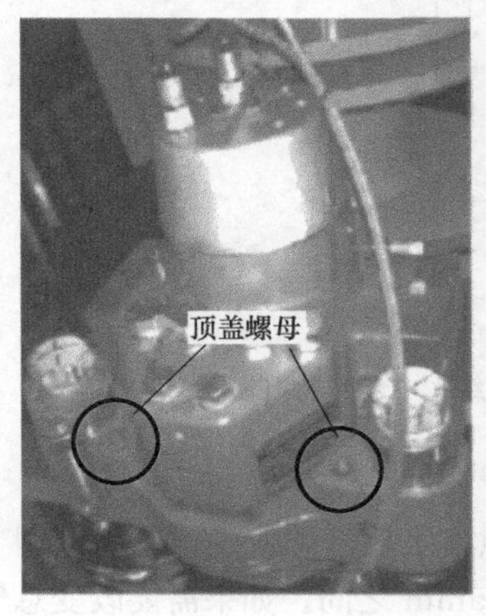

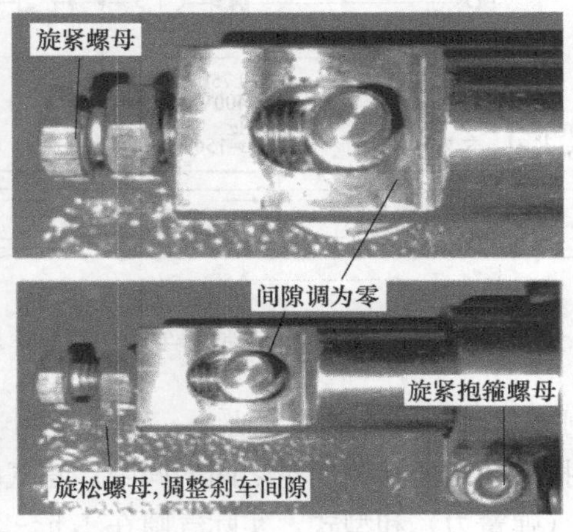

图 4-5　主轴刹车主调实物示意图

（二）调整制动器总间隙方法

首先，拆除两个显示开关及顶部的顶盖螺母，图 4-7 中的序号 1。然后，打开制动器（液压油进入油缸，顶升活塞，压缩碟形弹簧），重新设置 AWA 系统，使用专用工具 Spanner（图 4-6 中序号 3），插入制动器中部，顺时针拧动 AWA 螺杆，使 AWA 恢复到起始位置。接着，重装拆除的部件。最后，让制动器反复制动 5 到 10 次，AWA 系统会自动调整好总间隙（2～3mm）。

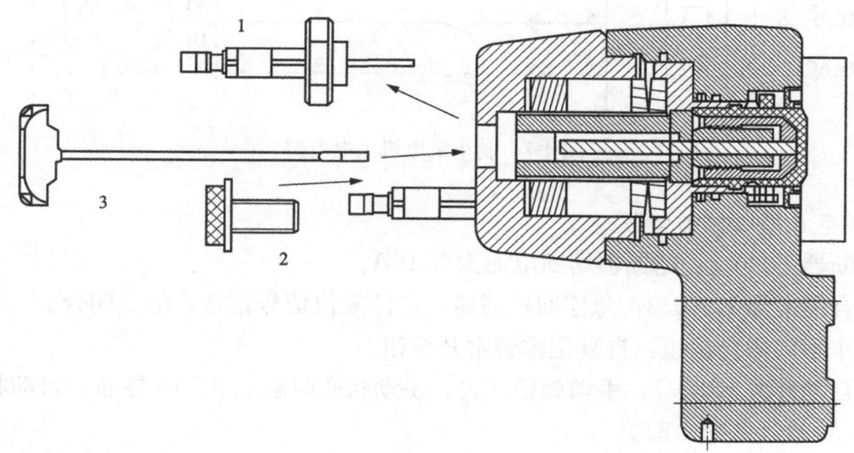

图 4-6　刹车制动器刹车总间隙调节操作示意图

第二节　电　控　原　理

一、原理介绍

SL1500 机组所选用的刹车制动器为被动式制动器，即管路中存有液压油时，刹车制动器打开；管路中没有液压油时制动器关闭。

1. 制动器打开条件

（1）进油回路中的电磁阀打开，回油回路中的电磁阀关闭。

（2）刹车泵启动，向液压缸内注油。

2. 刹车泵启动条件

（1）自动状态下：刹车压力传感器检测到刹车压力低，或主控 PLC 模块检测到刹车状态为关闭状态时，PLC 模块 A242.1 的 5 口输出直流 24V 数字信号，控制刹车泵带电工作。

（2）手动状态下：按下齿轮箱上的刹车打开按钮，控制刹车泵电机供电回路导通，使刹车泵电机带电工作。

二、电控电路

（一）刹车泵供电回路

（1）断路器 Q112.6：手动闭合，过载电流为 1.9A，当相电流超过该值时，断路器断路。

(2) 接触器 K154.2：直流直流 24V 接触器，规格型号为 AL9-30-10（见图 4-7）。

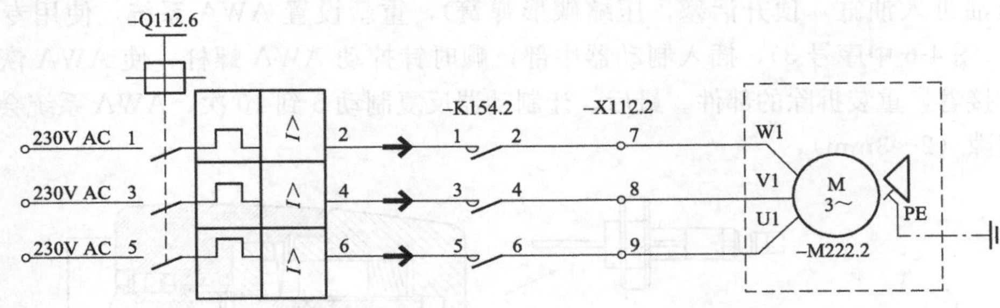

图 4-7　刹车泵电机供电电路

（二）刹车泵供电控制回路

(1) 熔断器 F230.4：熔断器熔断电流为 3.15A。

(2) 组合继电器 K230.3：急停回路通路，急停复位信号正常，触点闭合。

(3) 刹车手动闭合按钮：自复位弹簧常开按钮。

(4) 手自动开关 S236.7：手动旋钮开关，手动状态时触点 9、10 导通，自动状态时触点触点 10、11 导通（见图 4-8）。

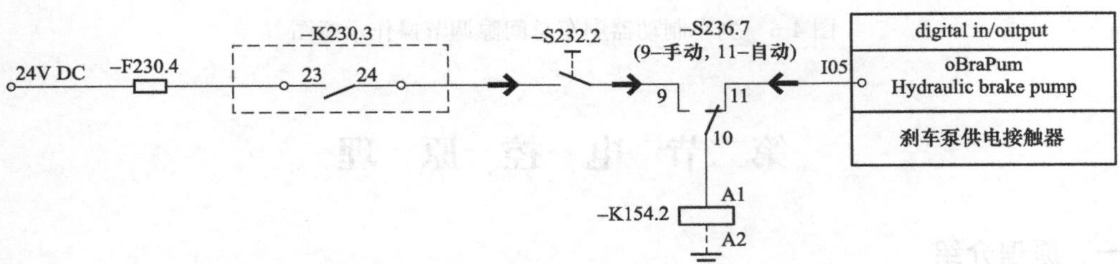

图 4-8　刹车泵供电接触器供电电路

（三）刹车电磁阀供电回路

(1) 电磁阀 Y222.3：由进油回路常闭电磁阀和回油回路常开电磁阀组成。两个电磁阀并联，单个内阻为 30Ω。刹车打开时刹车电磁阀带电，进油回路电磁阀打开，回油回路电磁阀闭合；刹车闭合时电磁阀失电，进油回路电磁阀闭合，回油回路电磁阀打开。

(2) 超速继电器 B234.4：轮毂转动时，并联触点通道交替闭合，当其检测叶轮转速达到 1941r/min 时，触点断开。

(3) 继电器 K25.7、K35.7、K45.7：三个变桨变频器状态监测继电器，当变频器失电或其本身出现故障时，变频器 26 口不向继电器输出直流 24V 数字信号，继电器线圈失电触点断开。

(4) 手自动开关 S236.7：手动旋钮开关，自动状态时触点 6、7 导通，手动状态时触点 5、6 导通。

(5) 刹车关闭按钮 S22.3：自复位常闭按钮（见图 4-9）。

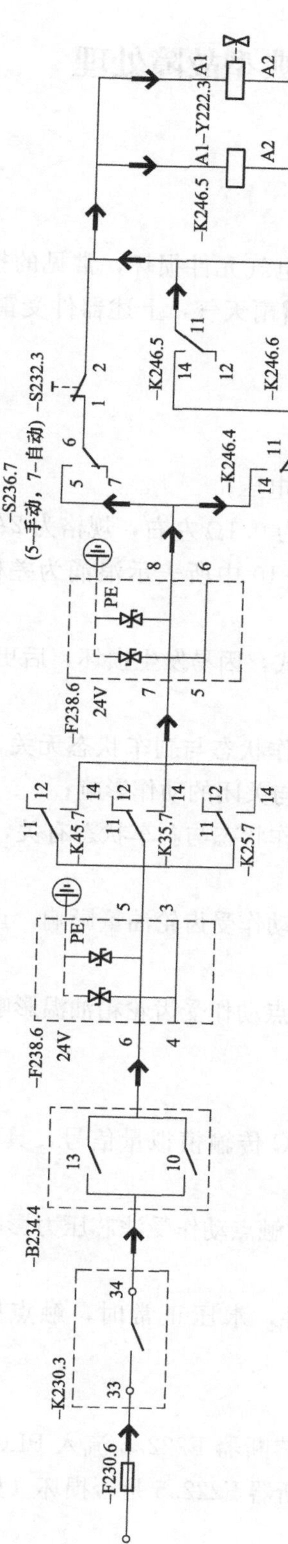

图 4-9 主轴刹车电磁阀供电电路

第三节　典型故障处理

一、柜外直流 24V 熔断器损坏

（一）原因分析

正常运行的机组发生该故障发生多为电气元件损坏，常见的损坏元器件为刹车压力开关、凸轮编码器、浪涌保护器，尤其是在雷雨天气，上述器件受雷击影响，损坏率非常高。电控回路介绍如下：

1. 熔断器下端供电

（1）回路 1：

1）电源 T215.2 输出稳定的 24V 直流电压；

2）熔断器 F222.5 正常情况下其内阻为 0.1Ω 左右，规格为 2A；

3）浪涌 F222.5.1 为 24V 浪涌，图 4-10 中所表示浪涌为差模浪涌，建议更换为共模浪涌；

4）刹车压力开关 S222.5 早期为有源式，因易发生损坏，后更换为无源开关式；刹车打开时，该开关触点闭合；

5）刹车磨损传感器 S222.6 的触点工作状态与刹车状态无关，只与刹车衬垫磨损程度、刹车间隙有关；即触点动作不受刹车打开与关闭的动作影响；

6）刹车状态传感器 S222.7 的触点工作状态与刹车状态有关，刹车打开时触点闭合，刹车关闭时触点断开（见图 4-10）；

7）齿轮箱油位传感器 S226.2 的触点动作受齿轮油量影响，正常状态下油位为：静止时油镜 2/3，旋转时油镜 1/3；

8）齿轮箱油温保护开关 S226.3 的触点动作受齿轮箱油温影响，当油温超过 90℃时，触点开关断开。

（2）回路 2：

1）齿轮箱油压传感器 B226.4 向 PLC 传输模拟量信号，具体数值受油温、流量影响；油泵启动时该数值不能为零；

2）齿轮箱滤芯油污传感器 S227.2 的触点动作受滤芯压力影响；滤芯阻塞严重，滤芯压力增大，触点断开；

3）水压开关 S227.4 为开关型元件，水压正常时，触点闭合。正常水压为 0.18～0.22MPa 之间（见图 4-11）。

2. 熔断器状态反馈回路

直流 24V 从电源 T215.2 发出后经熔断器 F222.5 流入 PLC 数字模块 A241.1 的 8 口，PLC 通过对该数值信号的有无，判断熔断器 F222.5 是否损坏（见图 4-12）。

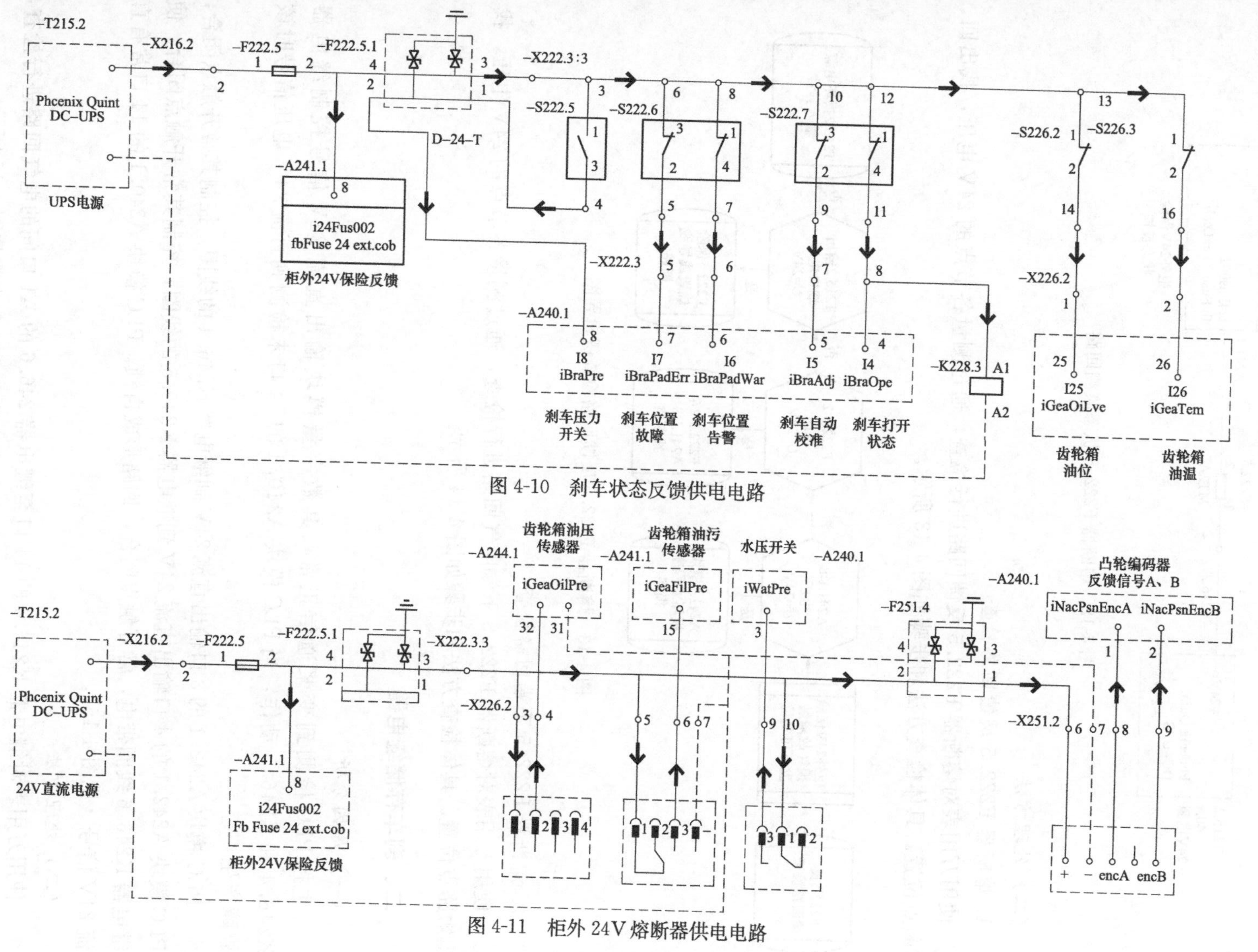

图 4-10 刹车状态反馈供电电路

图 4-11 柜外 24V 熔断器供电电路

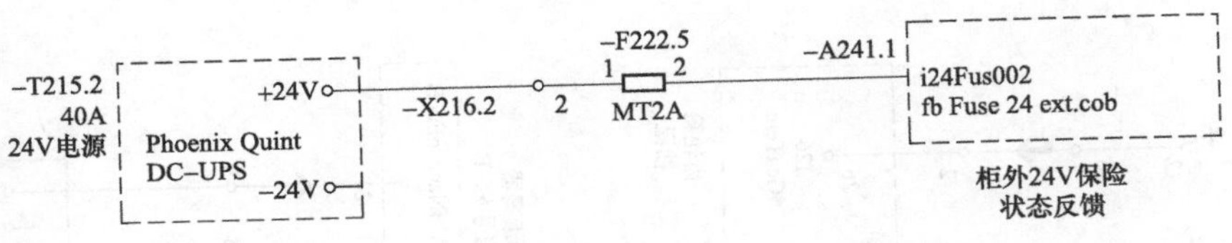

图 4-12　熔断器 F222.5 状态监测回路

（二）处理方法

1. 熔断器 F222.5 反馈回路检查

使用万用表对熔断器 F222.5 反馈回路进行检查，通过测量各节点的 24V 电压，找出回路断点位置。具体检查方法和步骤如图 4-13 所示。

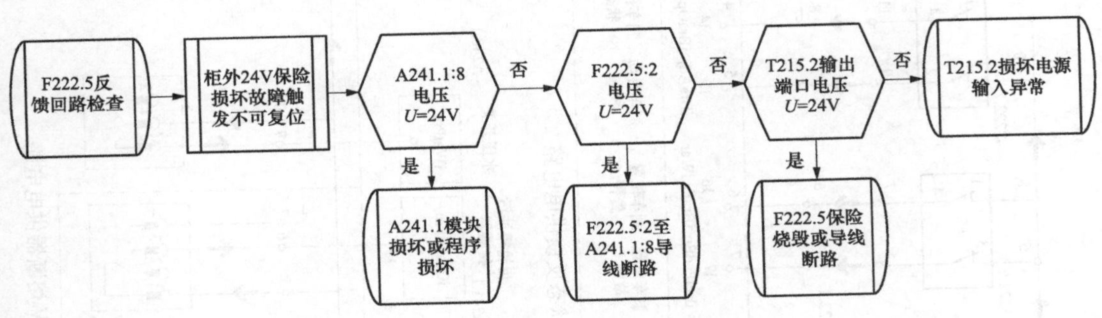

图 4-13　熔断器 F222.5 反馈回路检查逻辑导图

2. 熔断器 F222.5 下端回路检查

使用万用表对熔断器 F222.5 下端电气回路进行检查，通过测量各节点的 24V 电压，找出短路点位置。具体检查方法和步骤如图 4-14 所示。

二、刹车存储继电器

（一）原因分析

主控 PLC 检测到变桨通信正常，其数字量模块输出直流 24V 信号控制继电器 K246.4 和 K246.5 动作，当 PLC 模块 A240.1 的 14 口未检测到直流 24V 电压信号时该故障产生。

PLC 模块 A242.1 的 3 口输出直流 24V 到继电器 K246.4 的线圈，控制其常开触点闭合；PLC 模块 A242.1 的 4 口输出直流 24V 到继电器 K246.5 的线圈，控制其常开触点闭合，使继电器 K246.6 线圈带电，常开触点闭合，回路形成自锁。PLC 模块 A240.1 的 14 口常有直流 24V 信号（见图 4-15）。

（二）处理方法

使用万用表对继电器 K246.4 的 14 口至继电器 246.6 的 A1 口间的电气回路进行检查，测量各节点 24V 电压是否正常，找出故障点。具体检查方法和步骤如图 4-16 所示。

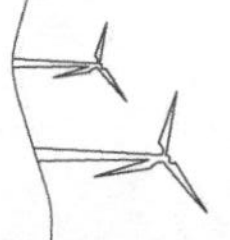

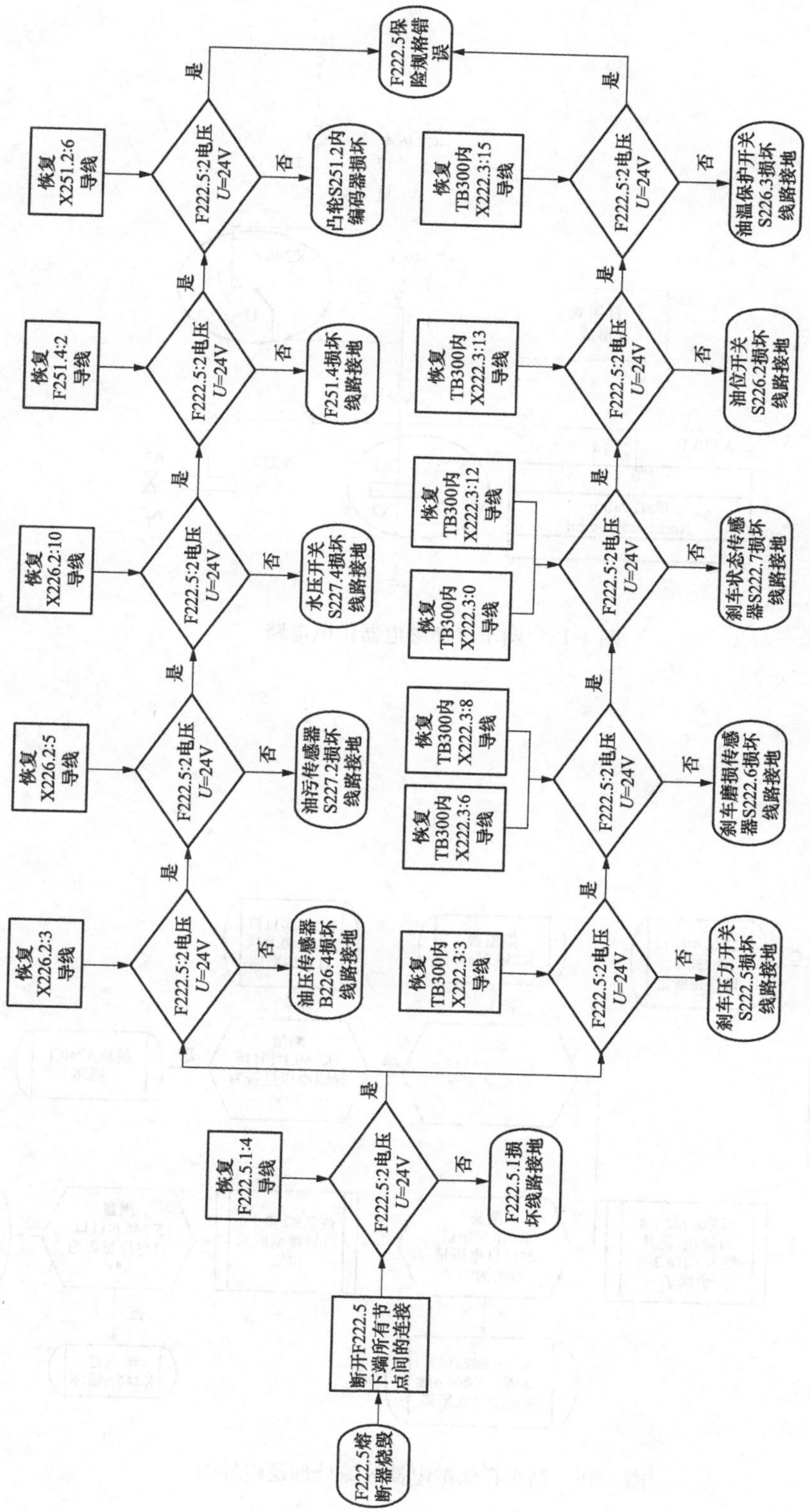

F222.5熔断器烧毁
断开F222.5下端所有节点间的连接
F222.5:2电压 U=24V
否
F222.5.1损坏线路接地
恢复F222.5.1:4导线
是
F222.5:2电压 U=24V
否
油压传感器B226.4损坏线路接地
恢复X226.2:3导线
是
F222.5:2电压 U=24V
否
油污传感器S227.2损坏线路接地
恢复X226.2:5导线
是
F222.5:2电压 U=24V
否
水压开关S227.4损坏线路接地
恢复X226.2:10导线
是
F222.5:2电压 U=24V
否
F251.4损坏线路接地
恢复F251.4:2导线
是
F222.5:2电压 U=24V
否
凸轮S251.2内编码器损坏
恢复X251.2:6导线
是
F222.5保险规格错误

F222.5:2电压 U=24V
否
刹车压力开关S222.5损坏线路接地
恢复TB300内X222.3:3导线
是
F222.5:2电压 U=24V
否
刹车磨损传感器S222.6损坏线路接地
恢复TB300内X222.3:6导线
恢复TB300内X222.3:8导线
是
F222.5:2电压 U=24V
否
刹车状态传感器S222.7损坏线路接地
恢复TB300内X222.3:0导线
恢复TB300内X222.3:12导线
是
F222.5:2电压 U=24V
否
油位开关S226.2损坏线路接地
恢复TB300内X222.3:13导线
是
F222.5:2电压 U=24V
否
油温保护开关S226.3损坏线路接地
恢复TB300内X222.3:15导线
是
F222.5保险规格错误

图 4-14　熔断器 F222.5 下端回路检查逻辑导图

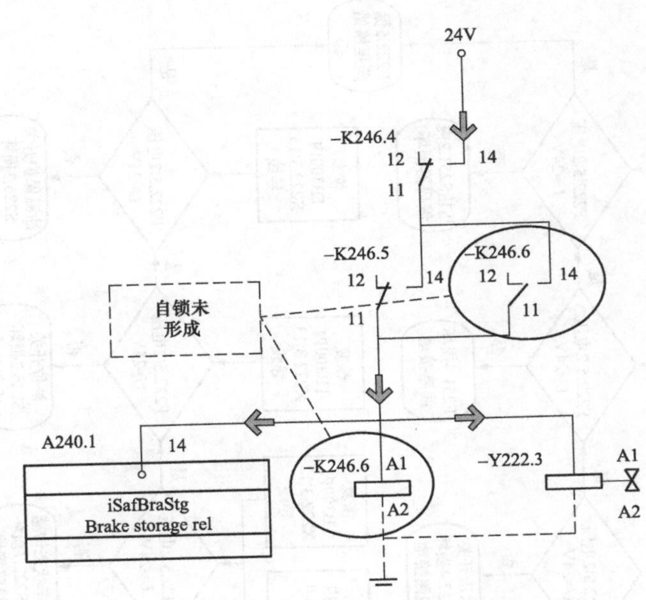

图 4-15　刹车存储继电器供电电路

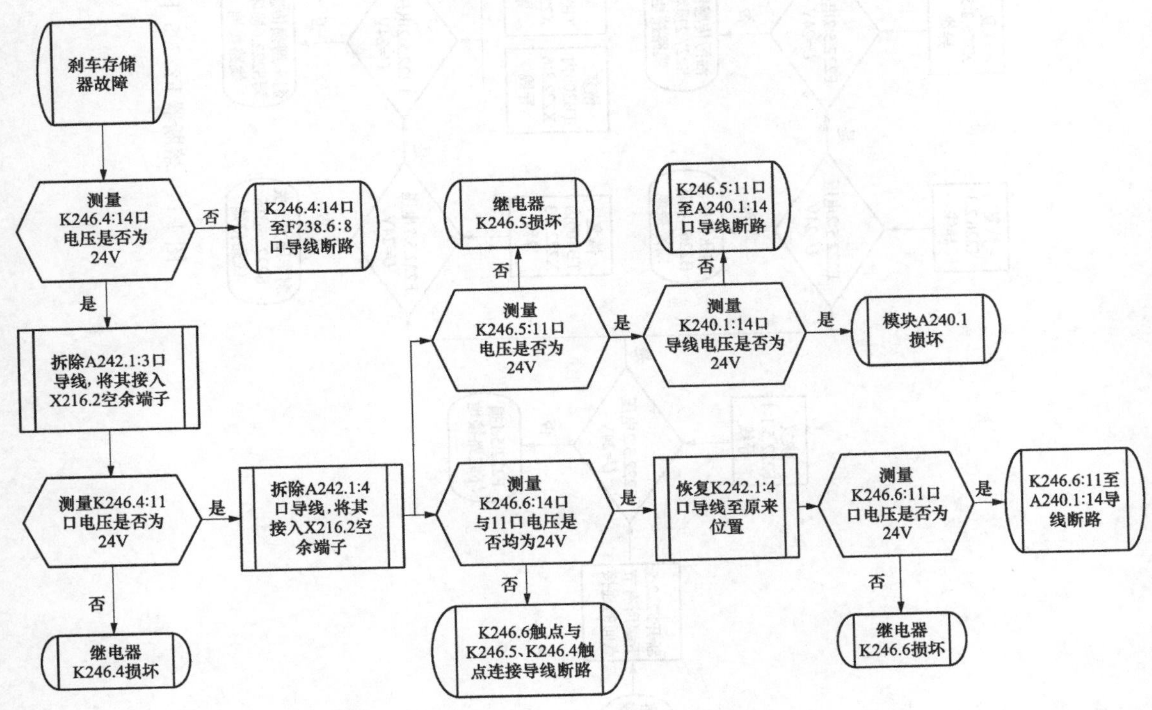

图 4-16　刹车存储继电器故障处理逻辑导图

三、刹车位置故障

（一）原因分析

主控 PLC 输出刹车打开指令后，主控 PLC 模块 A240.1 的 4 口未收到刹车打开的直流 24V 电压反馈信号，刹车位置故障触发。该故障的处理，关键在于观察刹车的实际状态，若刹车已经打开，需检查刹车位置传感器 S222.7 供电回路是否出现问题；若刹车未打开，需分析检查造成刹车打不开的原因（见图 4-17）。

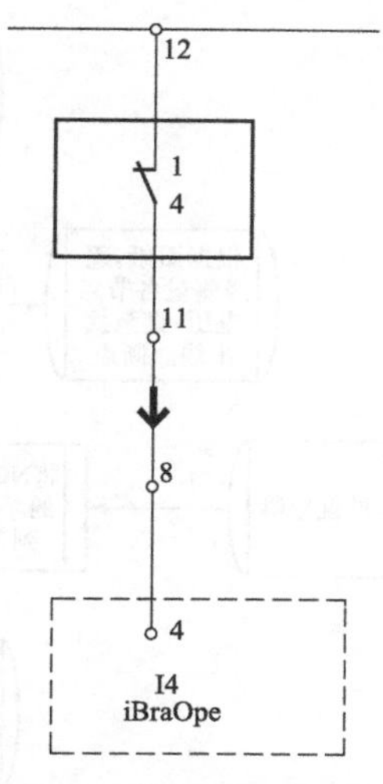

图 4-17 刹车状态信号监测电路

（二）处理方法

通过手动打开/关闭刹车制动器，观察刹车制动器动作状态；手动按压传感器触头，观察传感器反馈回路是否正常的方法，可判断出故障产生的原因，具体检查方法和步骤如图 4-18、图 4-19 所示。

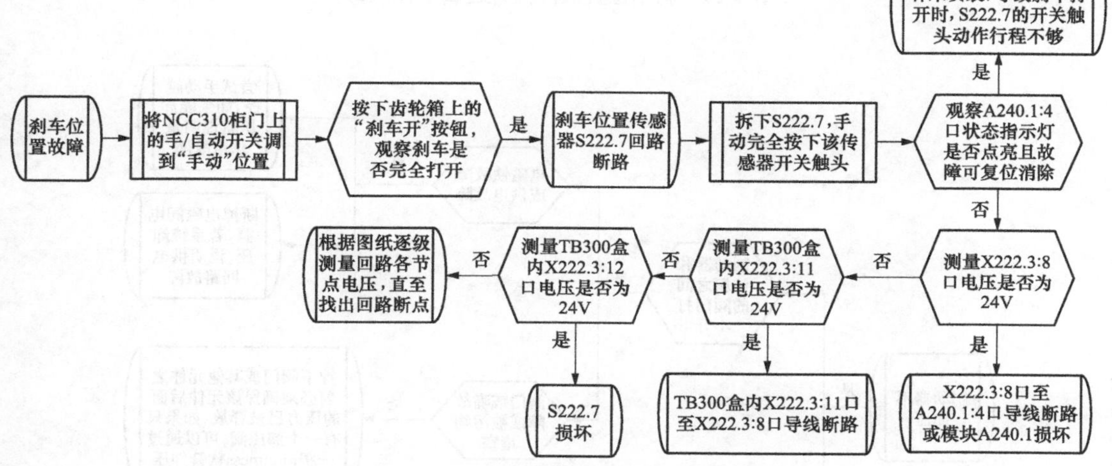

图 4-18 刹车位置故障处理逻辑导图（1）

四、制动器泵站不卸压

（一）原因分析

制动器泵站不卸压，多为制动器本身及液压油出现问题所导致。可通过手动卸压的方式，尝试消除故障。

（二）处理方法

在确定油温正常的前提下，检查刹车电磁阀是否工作正常，正常状态下，电磁阀为常得电状态。排除电磁阀故障的可能性后，泵站不卸压问题多与泵站阀门损坏或阻塞有关。具体检查方法和步骤如图 4-20 所示。

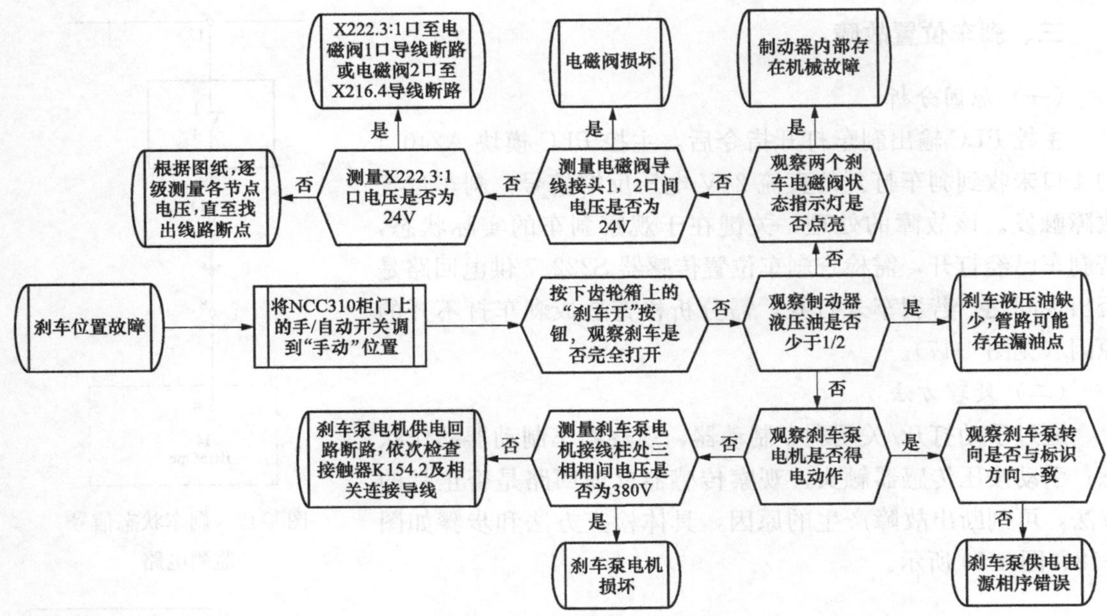

图 4-19　刹车位置故障处理逻辑导图（2）

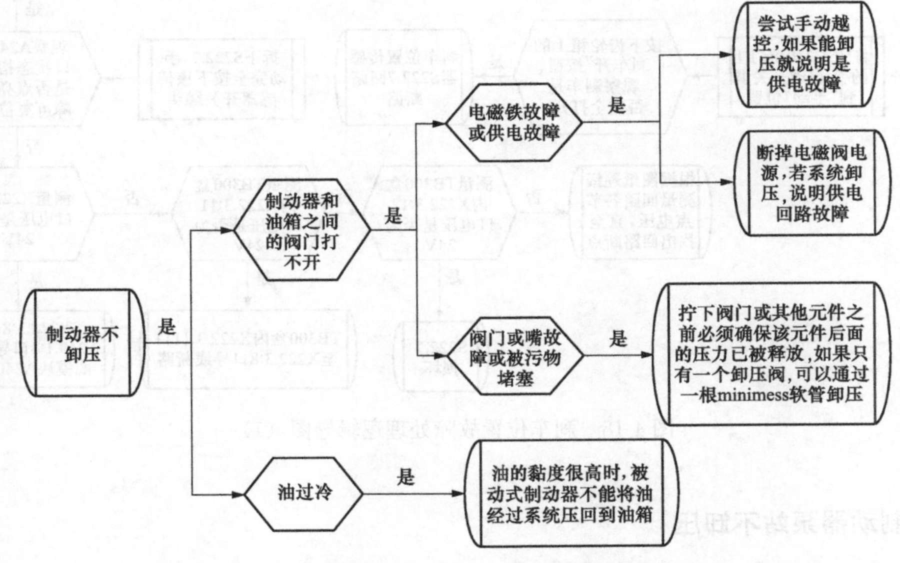

图 4-20　制动器泵站不卸压故障处理逻辑导图

五、刹车泵压力低

（一）原因分析

刹车泵启动后，主控 PLC 模块 A240.1：8 口未接收到刹车压力开关反馈的压力正常信号，该信号为直流 24V 数字信号。该故障处理的关键点在判断刹车管路中液压油压力是否正

常，通常判断管路中压力正常的依据为：

（1）将 NCC310 柜门上的刹车手自动开关调至“手动”位置，长按齿轮箱上的“刹车开”按钮，刹车能够正常打开。

（2）通过油镜观察液压油油位，正常状态下液压油静态油位不少于油镜的 2/3，动态不少于油镜的 1/2。

（二）处理方法

1. 电路及元器件检查

手动强制打开刹车制动器，使用万用表对刹车压力开关供电及反馈回路进行检查，测量各节点 24V 电压是否正常，找出故障点。具体检查方法和步骤如图 4-21 所示。

2. 制动器本体检查：

刹车制动器本体出现故障也会导致刹车泵压力低故障产生，对制动器本体检查的方法和步骤如图 4-22 所示。

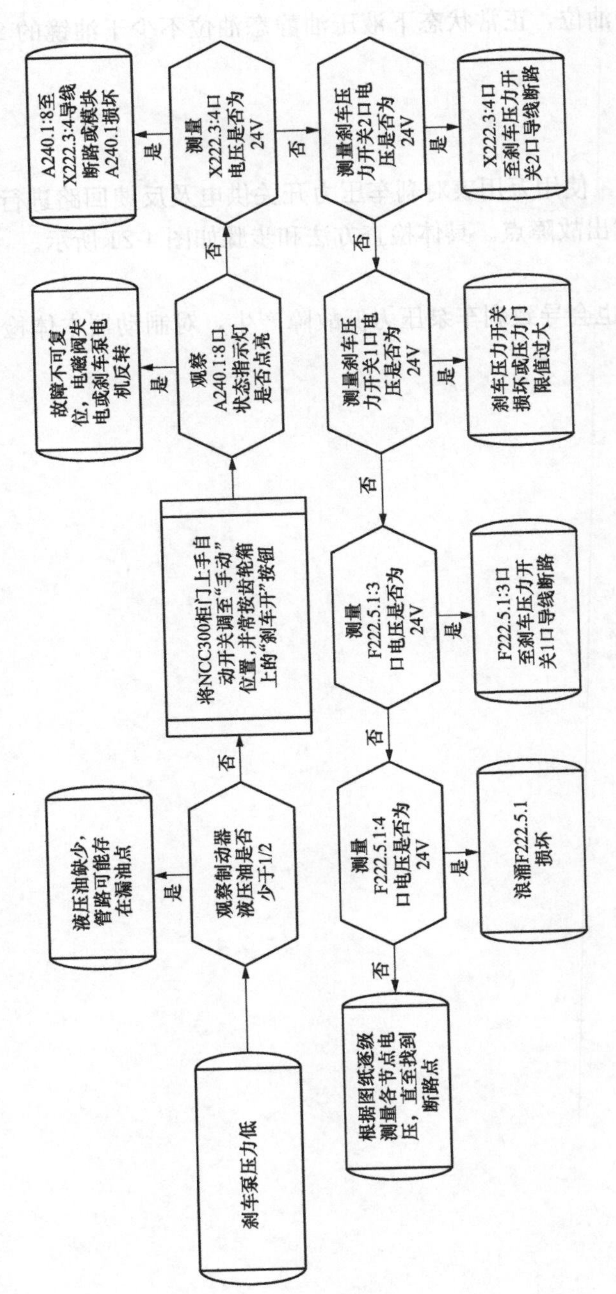

图 4-21 刹车泵压力低故障处理逻辑导图（1）

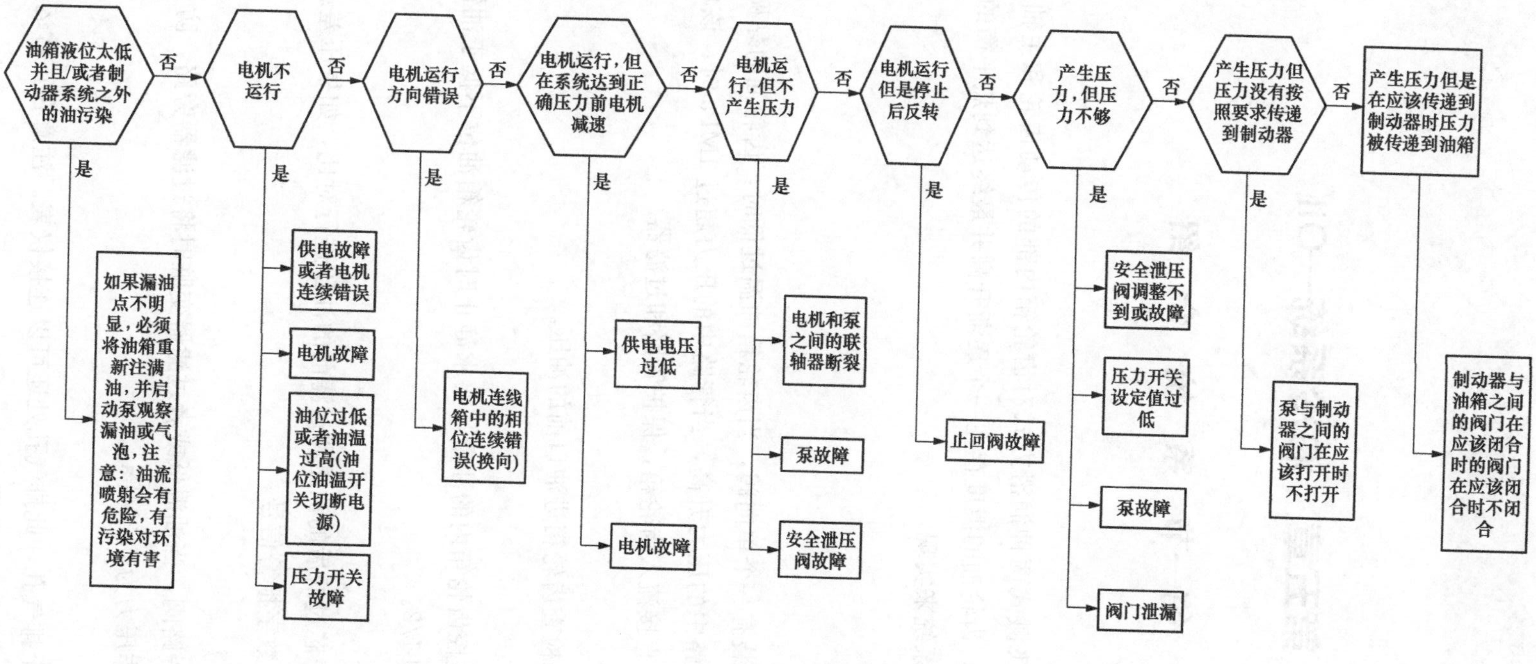

- 油箱液位太低并且/或者制动器系统之外的油污染
  - 是：如果漏油点不明显，必须将油箱重新注油，并启动泵观察漏油或气泡，注意：油流喷射会有危险，有污染对环境有害
  - 否：↓
- 电机不运行
  - 是：供电故障或者电机连线错误；电机故障；油位过低或者油温过高(油位油温开关切断电源)；压力开关故障
  - 否：↓
- 电机运行方向错误
  - 是：电机连线箱中的相位连线错误(换向)
  - 否：↓
- 电机运行，但在系统达到正确压力前电机减速
  - 是：供电电压过低；电机故障
  - 否：↓
- 电机运行，但不产生压力
  - 是：电机和泵之间的联轴器断裂；泵故障；安全泄压阀故障
  - 否：↓
- 电机运行但是停止后反转
  - 是：止回阀故障
  - 否：↓
- 产生压力，但压力不够
  - 是：安全泄压阀调整不到或故障；压力开关设定值过低；泵故障；阀门泄漏
  - 否：↓
- 产生压力但压力没有按照要求传递到制动器
  - 是：泵与制动器之间的阀门在应该打开时不打开
  - 否：↓
- 产生压力但是在应该传递到制动器时压力被传递到油箱
  - 制动器与油箱之间的阀门在应该闭合时的阀门在应该闭合时不闭合

图 4-22　刹车泵压力低故障处理逻辑导图（2）

第五章 油冷系统—Oil

第一节 系 统 介 绍

一、油冷系统功能

齿轮油通过压力式和飞溅式两种润滑方式对齿轮箱内部的传动齿轮和主轴进行冷却润滑。在齿轮箱工作过程中，齿轮油的温度存在一个逐渐升高并最终达到热平衡的过程，该过程由一套完整的冷却散热系统来实现。

二、系统组成

1. 单向阀

油泵与过滤器之间安装有一个单向阀，当齿轮箱油温过低时，齿轮油的黏稠度升高，其流动性降低，造成输油管路中的压力升高，当管路中的压力超过 1MPa 时，该单向阀打开，齿轮油不经过过滤装置，直接流入齿轮箱，保护管路和过滤器。

2. 油压传感器

用一个压力传感器来检查齿轮箱进油口前的油压。

3. 油位开关

用一个油位开关来监控齿轮箱内的油量，要求静止时齿轮箱油位不低于油镜的 2/3，齿轮箱旋转时不低于油镜的 1/2。

4. 油污传感器

油污传感器将经过滤芯过滤后的油压和过滤前的油压进行对比，如果压差过大，则会向主控 PLC 输出直流 24V 数字报警信号。

5. 旁路阀

在微过滤器上安装旁路阀，当油温低或者过滤器变脏时将过滤器旁路，防止齿轮箱和过滤器受损。旁路阀的动作压力为 0.3MPa。

6. 排气孔

在过滤器上安装一个排气孔，此排气孔处还可以连接仪表。注意在正常运行时一定要将该排气孔关闭，否则会导致齿轮油泄漏。

7. 安全阀

在过滤器后面的管路中安装一个安全阀，防止当WEC停机时，冷却器在无载荷情况下工作。安全阀的动作压力0.02MPa。

8. 温控阀

在油压过高时为防止冷却器受损并且能够更迅速地加热齿轮油，在冷却器的前面安装一个温控阀，此阀在低油温时将冷却器回路旁路，将油直接送入齿轮箱，以便保证齿轮箱润滑油的温度能够迅速达到工作温度。当油温小于45℃时齿轮油被直接送入齿轮箱，大约10%的流量通过冷却器；当油温大于45℃时所有齿轮油全部直接送入冷却器。

9. 冷却器

齿轮油通过一个油一空气热交换器而被冷却。为了增加冷却能力，热交换器配有一个风扇，此风扇能够保证超过一定温度时会有均匀的气流。如果油箱温度高，风扇将打开进行强制通风，热风经散热器后排到机舱外部，这样可以增加冷却能力。冷却器设计的空气入口温度为45℃。

三、冷却系统工作过程

齿轮箱需要润滑时，电机10.1启动，带动油泵工作，将油池中的齿轮油泵入系统，A区域中单向阀的压力为1.2MPa，即当系统压力超过1.2MPa时，单向阀打开，齿轮油直接通过单向阀回到油池内。系统正常工作压力不会超过1.2MPa。B区域内为油过滤系统，当润滑油温度低或当过滤器滤芯压差大于0.4MPa时，滤芯上的单向阀打开，齿轮油只经过50μm的粗过滤；当温度逐渐升高，滤芯压差低于0.4MPa时，齿轮油经过10μm和50μm两级过滤。当油池温度低于30℃时，过滤器的油过滤压力传感器报警信号无效；而当油池温度超过30℃时，当压差达到0.3MPa时，此时报警信号才有效，必须在两天内更换清洁的滤芯。C区域为齿轮油冷却系统，当齿轮箱的油温达到55℃时，温控阀关闭，风冷却器开始工作，润滑油经风冷却器冷却后再进到齿轮箱进行润滑；当油池温度降到50℃时，风扇冷却器自动停止工作，润滑油直接经温控阀进到齿轮箱进行强制润滑。当冷却器的压差达到0.6MPa时，旁通阀开润滑油不经冷却器而直接进到齿轮箱（见图5-1）。

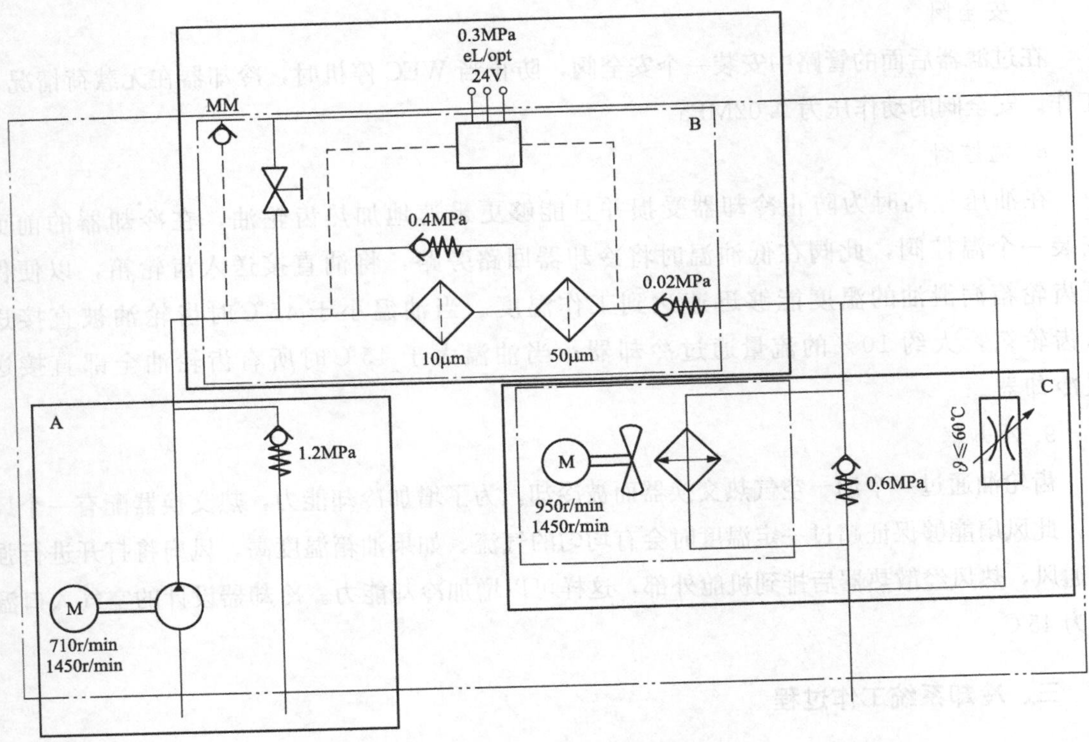

图 5-1　齿轮箱油冷系统图

第二节　电　控　原　理

一、原理介绍

油冷系统中的油泵存在两种运行方式，分别为低速运行和高速运行。当齿轮箱油温高于0℃时，油泵电机低速运行，此时接触器 K152.2 单独吸合，油泵电机供电回路为角形接法；当齿轮箱油温高于 40℃时，油泵电机高速运行，此时接触器 K152.2 弹开，接触器 K152.4 与 K152.6 同时吸合，油泵电机供电回路为星型接法。

二、电控电路

（一）主供电回路

低速运行时齿轮箱油温大于 0℃；接触器 K152.2 单独吸合（图 5-2）中黑色箭头所示。高速运行时齿轮箱油温大于 40℃，接触器 K152.2 弹开，K152.4、K152.6 吸合（图 5-2 中白色箭头所示）。

（二）控制回路

（1）低速运行：模块 A242.1 的 10 口输出直流 24V 数字信号到继电器 K247.2.1 的线圈，控制其触点 11 口与 14 口导通，使接触器 K152.2 线圈带电，控制器主触点闭合，使油泵电机带电低速运行。

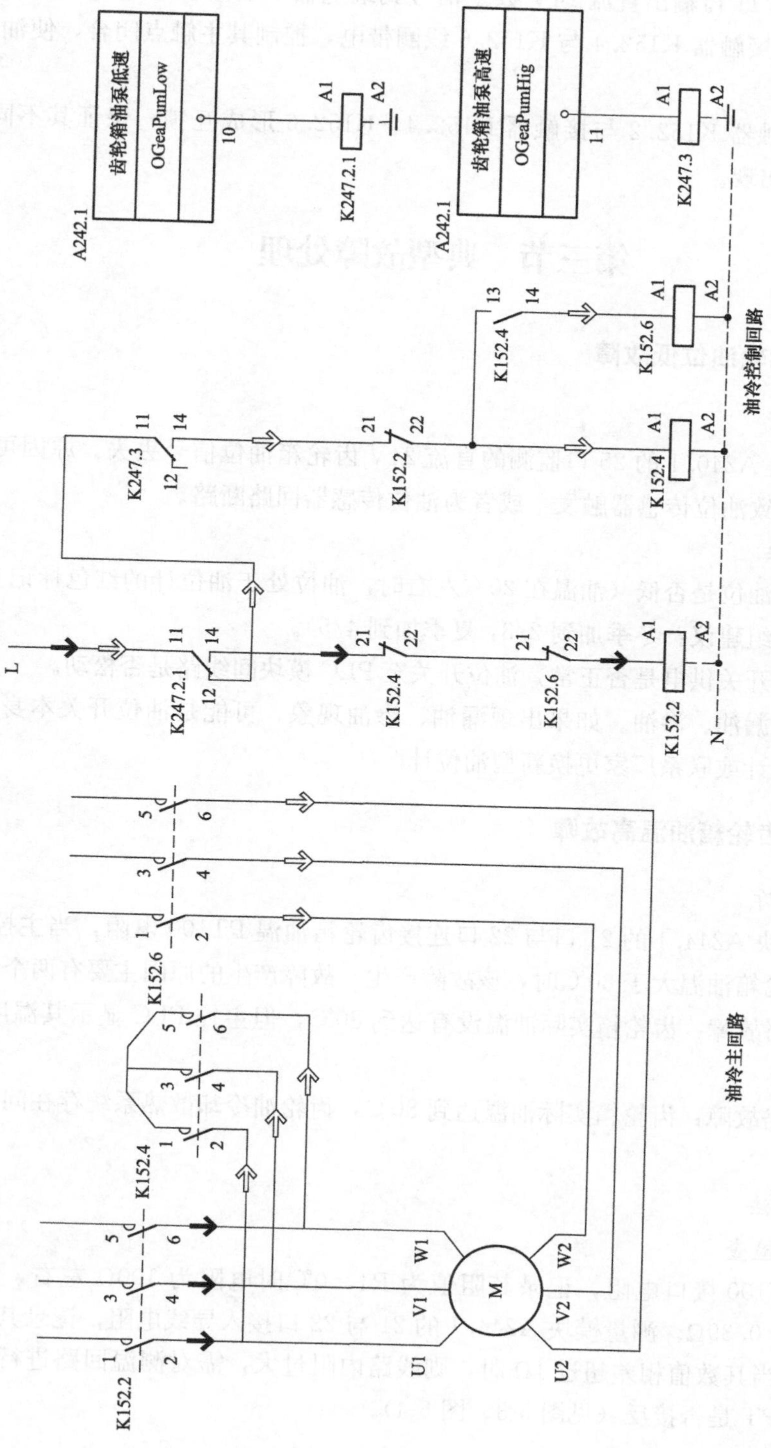

图 5-2　油泵电机供电及控制电路

（2）高速运行：模块 A242.1 的 10 口停止输出直流 24V 数字信号，使接触器 K152.2 弹开，模块 A242.1 的 11 口输出直流 24V 数字信号到继电器 K247.3 的线圈，控制其触点 11 口与 14 口吸合，使接触器 K152.4 与 K152.6 线圈带电，控制其主触点闭合，使油泵电机高速运行。

（3）回路中接触器 K152.2 与接触器 K152.4、K152.6 形成互锁，保证其不同时吸合，避免相间短路故障出现。

第三节　典型故障处理

一、Err130 齿轮油位低故障

（一）原因分析

主控 PLC 模块 A240.1 的 25 口监测的直流 24V 齿轮箱油位信号丢失。原因可能是齿轮箱润滑油缺少，导致油位传感器触发，或者为油位传感器回路断路。

（二）处理方法

（1）检查实际油位是否低（油温在 20℃左右时，油位处于油位计的红色标记范围或 2/3 处为宜，刚吊装机组建议：冬季加到 2/3，夏季加到 4/5）。

（2）检查油位开关供电是否正常，油位开关至 PLC 模块间线路是否松动。

（3）检查是否漏油、渗油。如果出现漏油、渗油现象，可能是油位开关本身质量问题，建议更换新型油位计或联系厂家更换新型油位计。

二、Err124 齿轮箱油温高故障

（一）原因分析

主控 PLC 模块 A244.1 的 21 口与 22 口连接齿轮箱油温 PT100 电阻，当主控 PLC 通过 PT100 测得的齿轮箱油温大于 80℃时，该故障产生。故障产生的原因主要有两个方面：

（1）测温回路故障：齿轮箱实际油温没有达到 80℃，但主控 PLC 显示其温度达到 80℃的故障限定值。

（2）散热回路故障：齿轮箱实际油温达到 80℃，齿轮油冷却散热系统存在问题，导致散热效率降低。

（二）处理方法

1. 测温回路检查

测量油温 PT100 接口电阻，记录其阻值为 R1，0℃时电阻为 100Ω 左右，温度每上升 1℃，电阻值上升 0.39Ω。测量模块 A244.1 的 21 与 22 口接入导线电阻，记录其阻值为 R2；比较 R1 与 R2，当其数值相差超过 1Ω 时，则线路内阻过大，需对测温回路进行检查。检查油温 PT 和轴温 PT 是否接反（见图 5-3、图 5-4）。

2. 散热回路检查

散热回路故障是导致齿轮箱油温高的常见原因。齿轮箱散热回路的温控阀、单向阀容易

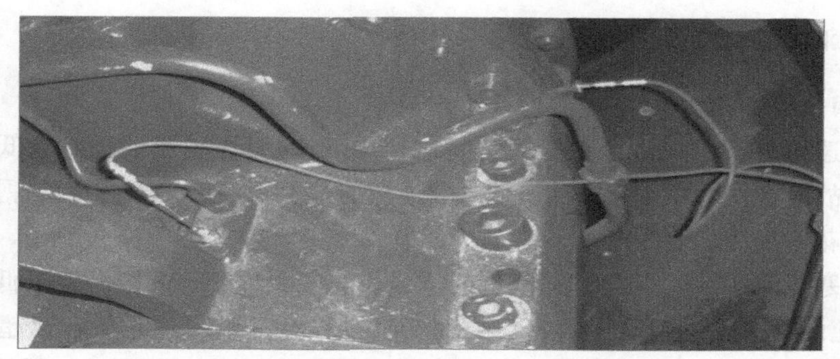

图 5-3 齿轮箱轴温 PT 安装位置实物图

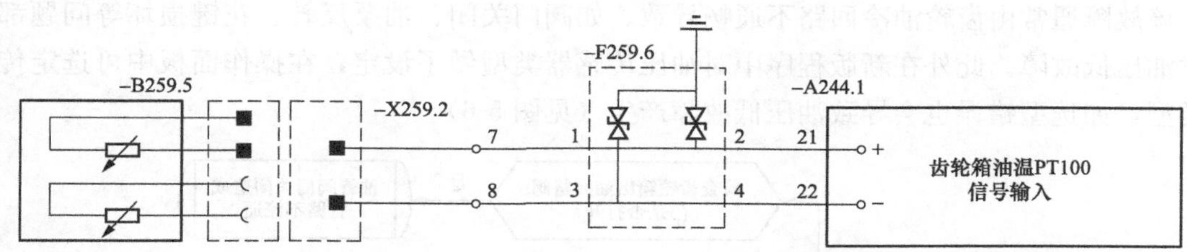

图 5-4 齿轮箱油温 PT100 测温电路

损坏，齿轮箱散热器易被毛絮灰尘阻塞，油冷风扇电机低速运行或反向运行等问题都会导致齿轮油得不到充分的冷却（见图 5-5）。

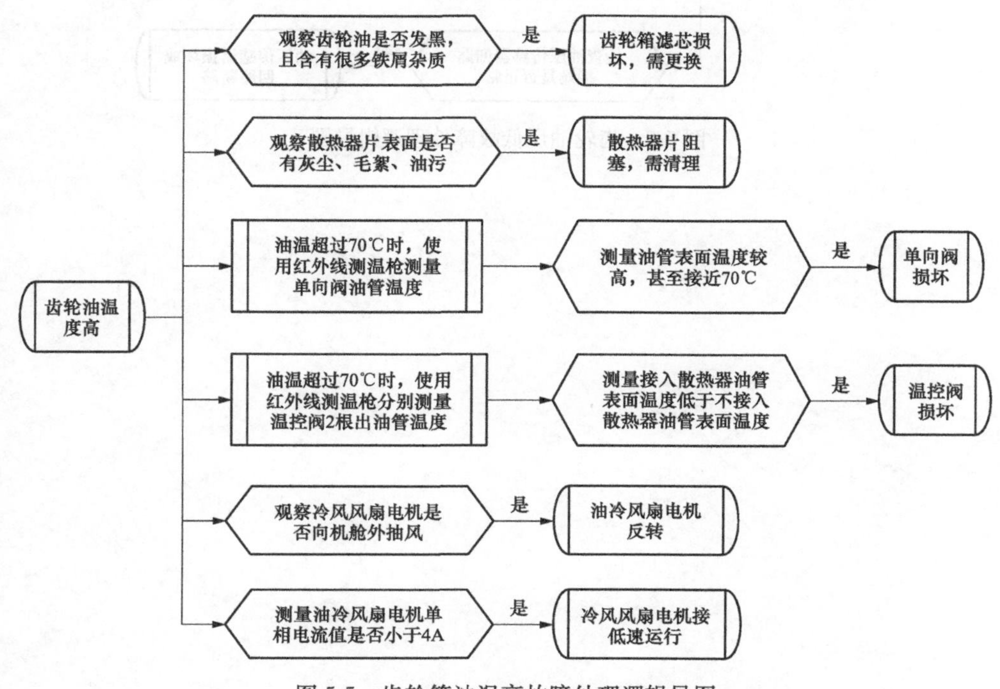

图 5-5 齿轮箱油温高故障处理逻辑导图

三、齿轮油压过低

（一）原因分析

当轮毂转速超过 100r/min，且持续时间达到 1min 时，齿轮箱油压始终低于 0.05MPa，齿轮箱油压低故障触发。在不考虑油压传感器损坏的情况下，该故障产生的原因多为油泵反转、油泵连接花键损坏、油冷电机不工作。

冬季北方寒冷地区，风机长时间停机会造成齿轮箱油温低于 0℃，出于低温保护原则，主控 PLC 不允许油泵电机启动，因此在手动变桨过程经常出现当轮毂转速超过 100r/min，且超过 1min 时，由于油泵电机不工作，造成管路中没有油，机组触发油压低故障报警。

（二）处理方法

该故障通常由齿轮油冷回路不通畅导致。如阀门关闭、油泵反转、花键损坏等问题都会触发油压低故障。此外在新版程序中对油压传感器类型做了设定，在操作面板中可选定传感器类型，如选型错误也会导致油压低故障产生（见图 5-6）。

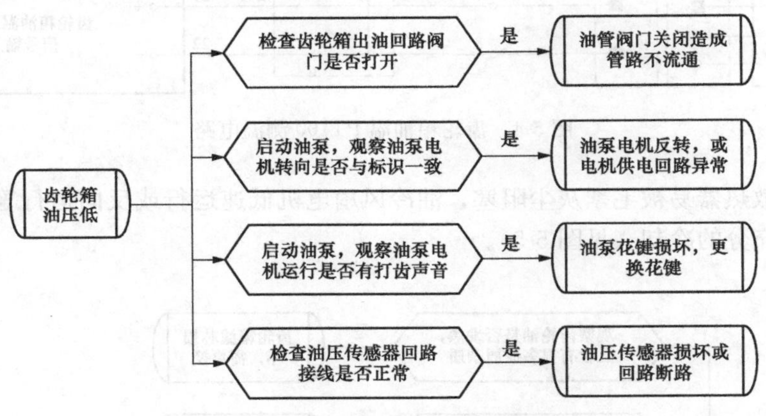

图 5-6　齿轮油压低故障处理逻辑导图

第六章　水冷系统—Water

第一节　系　统　介　绍

一、水冷系统功能

使用冰点为－35℃的防冻液作为冷却介质，对发电机、变频器、机柜进行冷却。通过热传递的方式将元器件工作时产生的热量传递到防冻液，再利用自然风对流经散热器的防冻液进行降温（见图 6-1）。

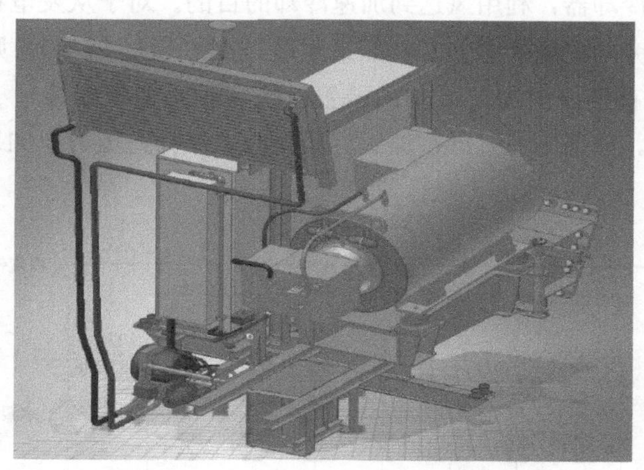

图 6-1　水冷系统结构示意图

二、系统组成

1. 三通阀

三通阀控制冷却介质的温度。只要冷却介质的温度低于 10℃，通往热交换器的管路被关闭。高于 10℃时，为了增加冷却速度，容积流量被分流，直到散热器满流量状态为止。

2. 平衡阀和关闭阀

机舱变频柜 NCC3xx 和发电机之间的流量通过平衡阀和关闭阀来控制。通过关闭发电机管路上的阀，变频柜里的流量就会增加，反之亦然。平衡阀的设置具有混流作用。冷水流经热元件时，会使热空气在热元件表面产生凝结水，对元件造成损坏。将冷水和热水按照一定的比例进行混合后，既可以起到冷却作用，又可以有效地防止凝结水的出现。

3. 温度传感器

冷却器之后的主管路中装有一个温度传感器，作为冷却回路的控制传感器。在泵之前的主管路中装有一个温度传感器，用于控制换热器的功能。

4. 压力计

压力表刻度盘用来在注水和运行过程中可视检查冷却水压力。遵守 EN837-2 应用的相应规则。

5. 压力传感器

如果管路压力低于 0.15MPa，就会出现一个错误的信息。

6. 压力膨胀容器

保持管路中的压力为常量，同时补偿热膨胀。

三、系统工作原理

安装在机舱外的冷却器，利用风达到加速冷却的目的。对于从发电机和控制柜中流出的水，在流经加压容器旁的温度传感器时，如果温度过高（超过 55℃），则流向空气散热器降温；如果温度较低则直接流向需要冷却的装置（控制柜、变频器等）。对于流向水泵的水，在流经压力传感器时，如果压力过低，加压容器就会工作补充压力；如果压力足够则直接流向水泵（见图 6-2）。

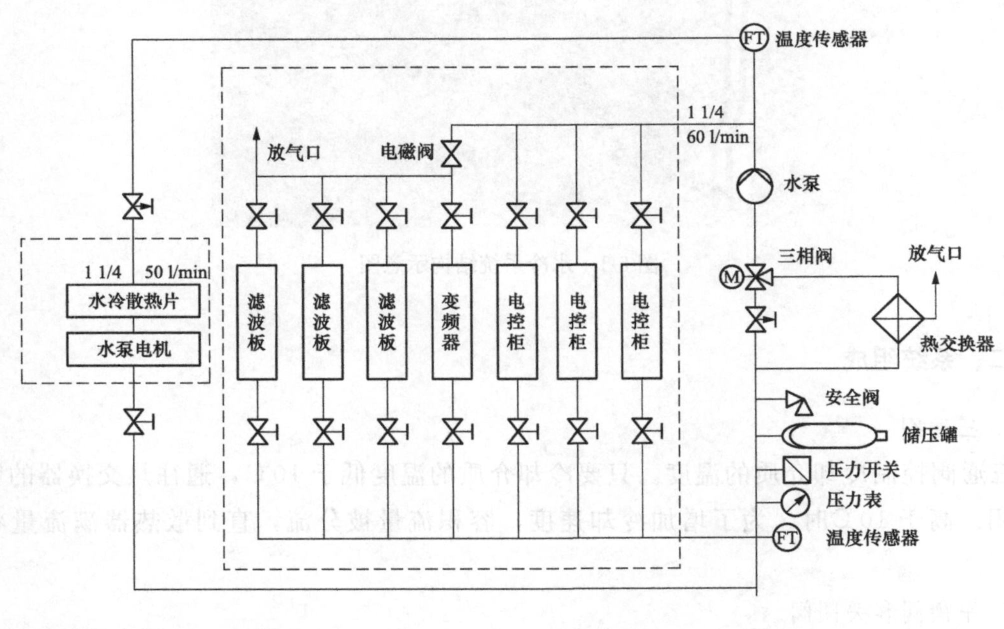

图 6-2　水冷系统结构图

第二节　电　控　原　理

一、原理介绍

1. 自动模式

在自动模式下，当变频器启动时，主控 PLC 模块的 A242.1 的 13 口输出直流 24V 数字信号到接触器 K154.3 的线圈，使接触器主触点闭合，水泵电机带电启动。

当控制柜内湿度超出湿度开关设定值时湿度开关触发，模块 A241.1 的 4 口或 5 口失电，此状态下主控 PLC 模块的 A242.1 的 13 口输出直流 24V 数字信号到接触器 K154.3 的线圈，控制水泵电机带电启动。

2. 服务模式

服务模式下，操作控制面板或 SCADA，控制接触器 K154.3 吸合，启动水泵电机。

二、电控电路

水泵电机供电电路如图 6-3 所示。

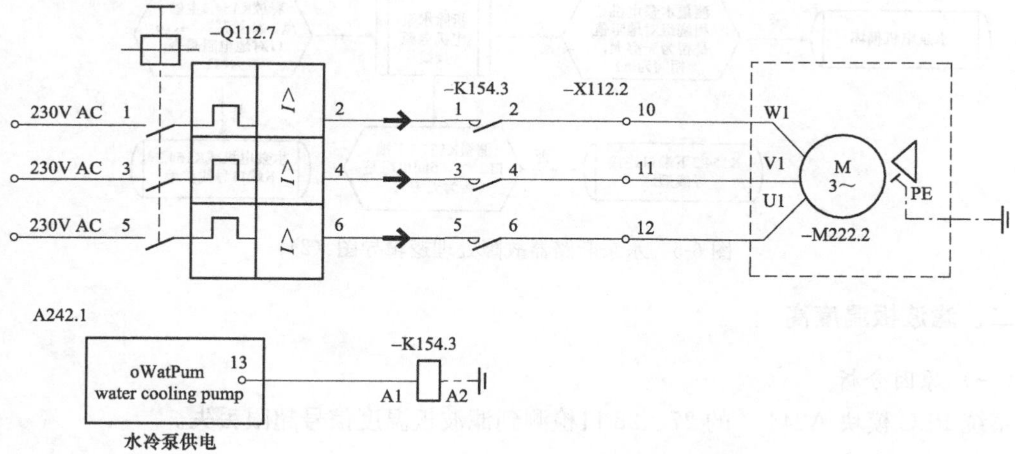

图 6-3　水泵电机供电电路

第三节　典型故障处理

一、水泵断路器故障

（一）原因分析

PLC 模块 A242.1 的 24 口检测到空开 Q112.7 反馈直流 24V 信号丢失。

（二）处理方法

（1）登机检查空开状态，若空开处于闭合状态，则空开状态监控回路存在断路，可通过测量该回路各节点 24V 电压是否正常的方法，找到断路点。具体检查方法和步骤如图 6-4 所示。

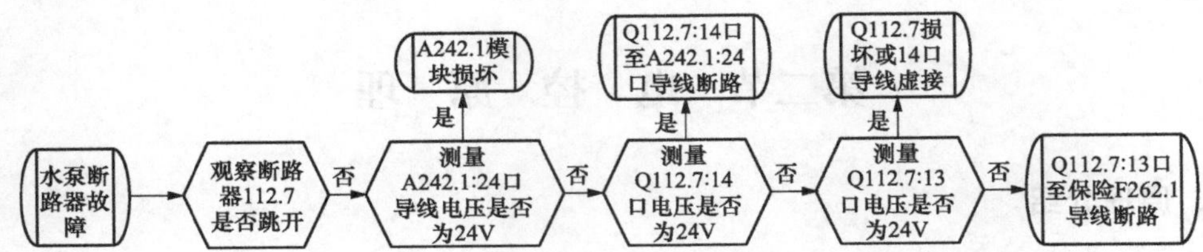

图 6-4　水泵断路器故障处理逻辑导图（1）

（2）登机检查空开状态，若空开处于断开状态，则检测水泵电机供电回路是否存在短路点，通过测量各节点电阻的方式，找出故障原因。具体检查方法及布置如图 6-5 所示。

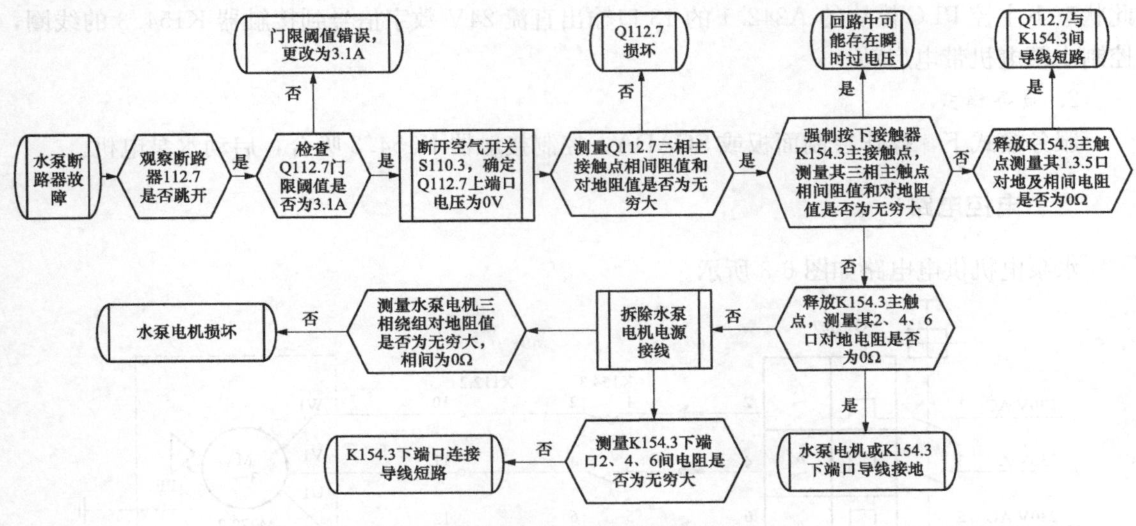

图 6-5　水泵断路器故障处理逻辑导图（2）

二、滤波板温度高

（一）原因分析

系统 PLC 模块 A244.1 的 27、28 口检测到滤波板温度信号超限丢失。

（二）处理方法

滤波板温度由安装在滤波板上的测温 PT 测量所得，发热源为安装于滤波板上的各个滤波电阻，冷却介质为冷却液。滤波板温度高故障处理，通常检查冷却系统和测温 PT。具体检查方法和步骤如图 6-6 所示。

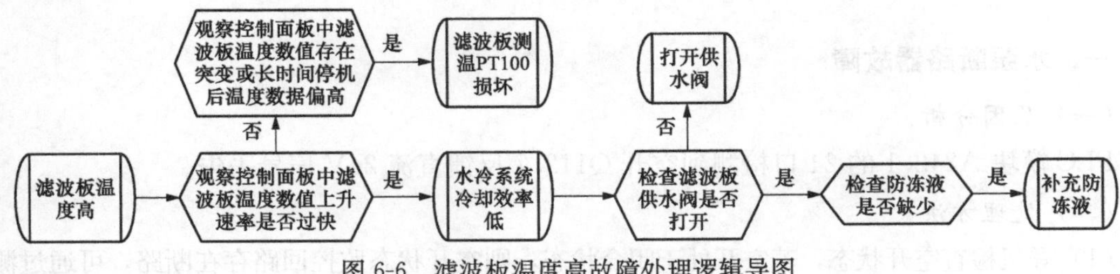

图 6-6　滤波板温度高故障处理逻辑导图

第七章　变频系统—Converter

第一节　系　统　介　绍

一、变频器功能介绍

变频器在风机并网系统中起到发电机力矩控制、功率因数调节、发电机同步、速度监视、Crowbar 触发、控制 DC 母线电压、预充电、线路滤波同步处理、电网监视等作用。变频器是利用电力半导体器件 IGBT 的通断作用将工频电源变换为另一频率的电能控制装置。变频器分为控制电路、整流电路、直流电路、逆变电路（见图 7-1）。

(1) 控制电路，完成对主电路的控制；

(2) 整流电路，将交流电变换成直流电；

(3) 直流中间电路，对整流电路的输出进行平滑滤波；

(4) 逆变电路，将直流电再逆变成交流电（见图 7-2）。

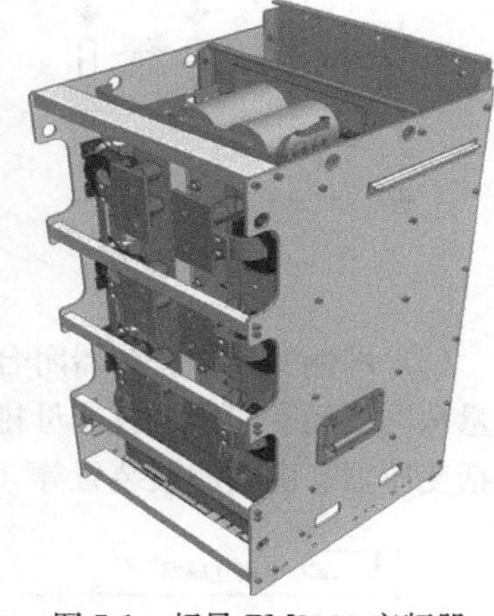

图 7-1　超导 PM3000 变频器

二、变频系统组成

变频系统主要包括变频器、滤波电阻电容、电抗、网侧接触器、磁铁环、Crowbar 单元等。

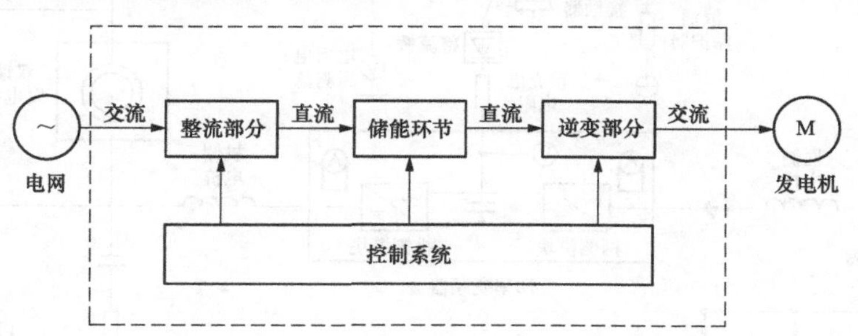

图 7-2　变频器功能结构示意图

三、变频器工作过程

(1) 预充电（S2）：防止高频滤波器件过流。预充电接触器吸合，变频器直流母排充电至 970V 左右，网侧变频器工作，母排直流电压经网侧变频器逆变使 A 点电压渐升为 690V，且电流值为 57A。如果没有预充电环节，直接吸和网侧接触器，使 A 点瞬间过电流（见图 7-3）。

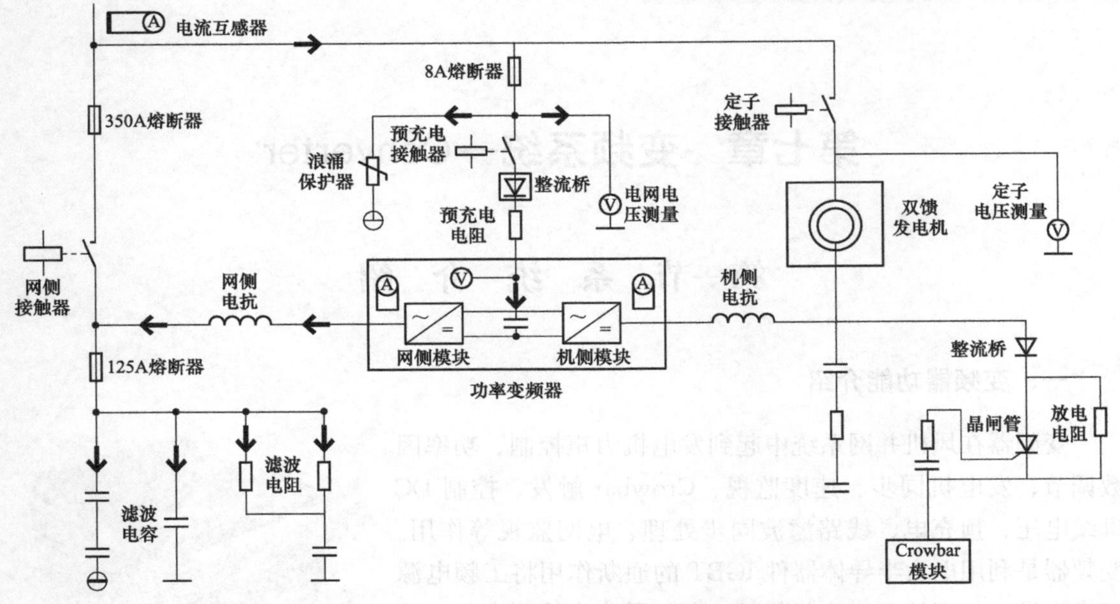

图 7-3　变频器预充电状态示意图

（2）网侧变频器接触器闭合（S6）。网侧变频器接触器闭合，同时预充电接触器断开，能量从网侧经变频器至直流母排，母排电压为 1050V，网侧变频器提供系统所需无功能量，包括变压器、高频滤波装置等（见图 7-4）。

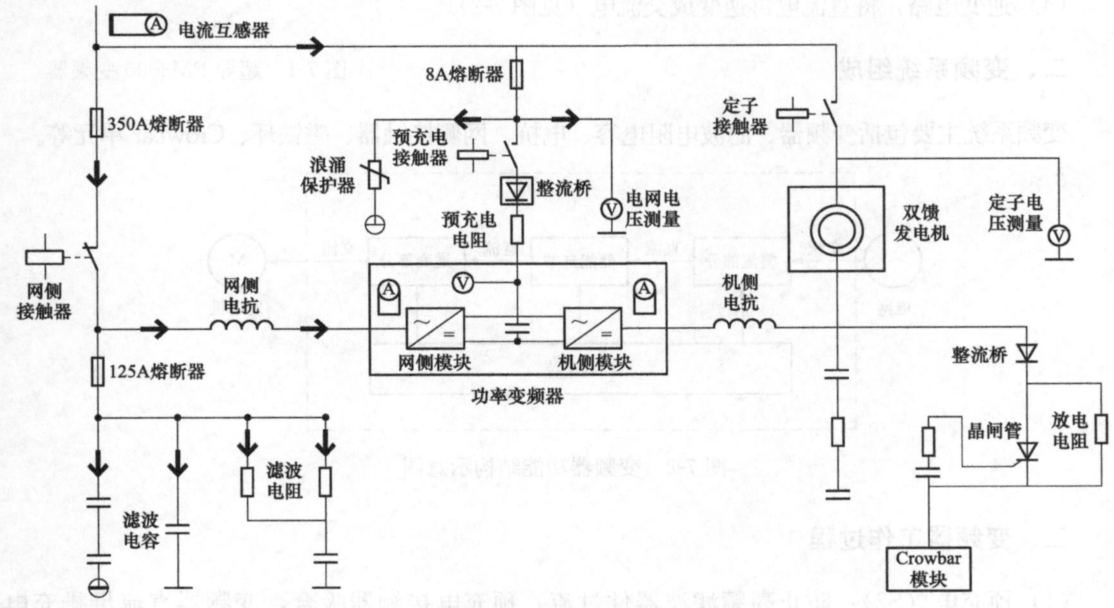

图 7-4　变频器网侧启动状态示意图

（3）电机侧变频器启动（S7）。网侧变频器电流 80A 左右，电机侧变频器电流 20A 左右（见图 7-5）。

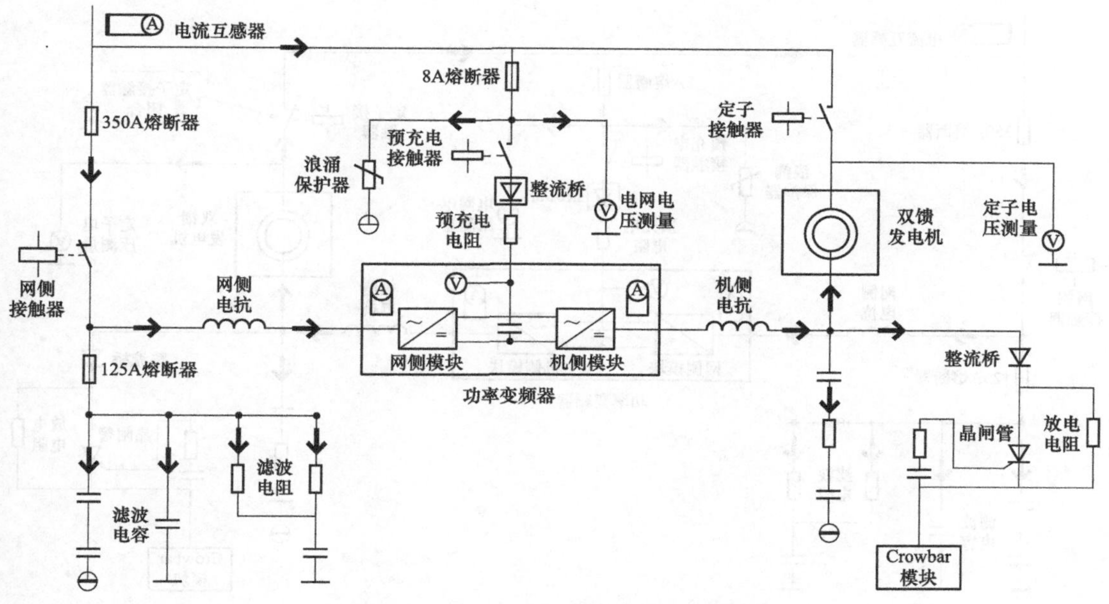

图 7-5　变频器机侧启动状态示意图

（4）同步（S7-syn）。风机转速达到 1200～1400r/min，电机侧变频器注入 140A 电流，电机定子侧电压达到 690V（见图 7-6）。

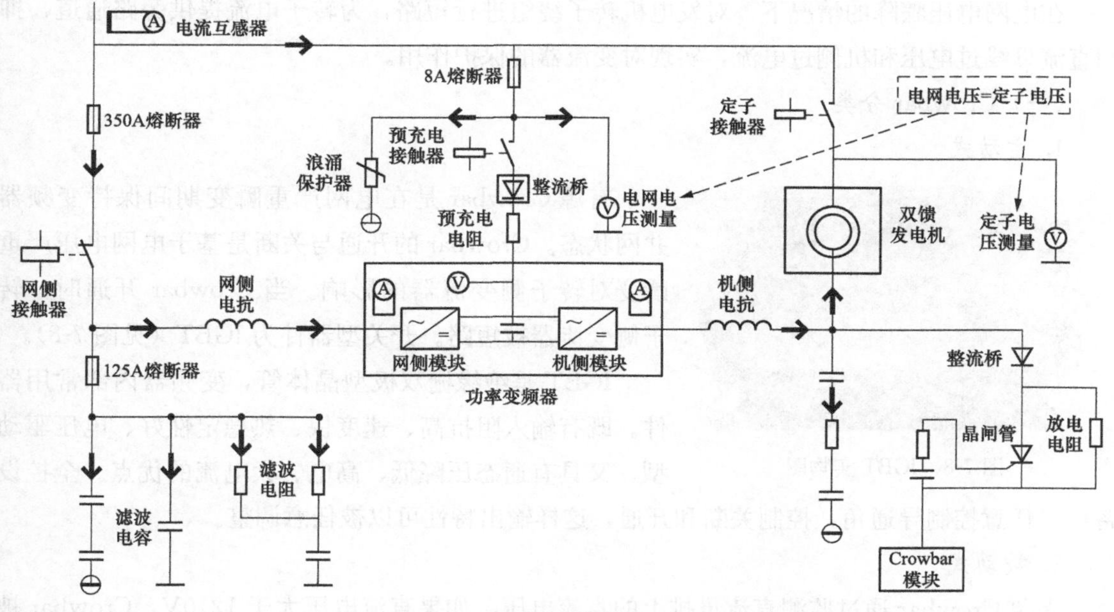

图 7-6　变频器同步状态示意图

(5) 定子接触器闭合，发电（S8）。定子电压幅值、相位、频率与电网电压近乎一致，定子接触器闭合，风机并网发电（见图 7-7）。

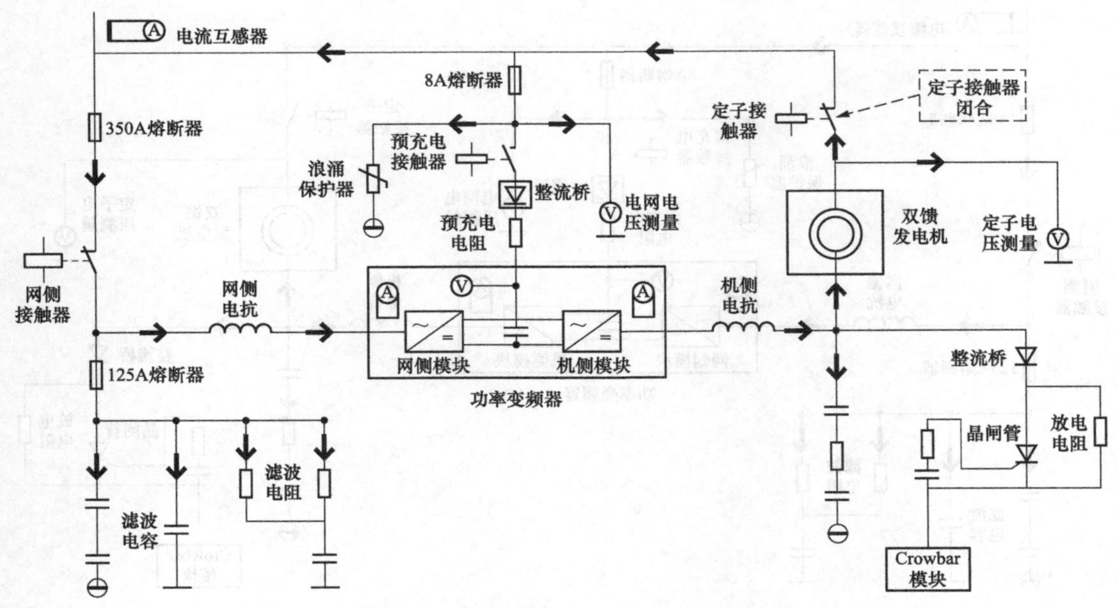

图 7-7　变频器并网状态示意图

四、Crowbar 保护单元

在电网电压骤降的情况下，对发电机转子绕组进行短路，为转子电流提供旁路通道，抑制直流母线过电压和机侧过电流，实现对变流器的保护作用。

(一) Crowbar 分类

1. 主动式

图 7-8　IGBT 实物图

有源 Crowbar 是在电网严重瞬变期间保持变频器并网状态。Crowbar 的开通与关断是基于电网电压严重瞬变对转子侧变流器的影响。当 Crowbar 开通时，转子侧变流器被短路。开关型器件为 IGBT（见图 7-8）。

IGBT 是绝缘栅双极型晶体管，变频器内部常用器件。既有输入阻抗高、速度快、热稳定性好、电压驱动型，又具有通态压降低、高电、大电流的优点。全控设备可以任意控制导通角，控制关断和开通，这样输出特性可以被任意调整。

2. 被动式

无源 Crowbar 通过监测直流母排上的直流电压。如果直流电压大于 1210V，Crowbar 被触发，致使变频器立即与电网分离，开关型器件为晶闸管。晶体闸流管简称晶闸管，也称为

可控硅整流元件（SCR），是由三个PN结构成的一种大功率半导体器件。在性能上晶闸管具有单向导电性，是不能被控制关断的器件（见图7-9）。

（1）晶闸管导通的条件。阳极与阴极间加正向电压，门极与阴极间正向电压（触发电压）。

（2）晶闸管关断的条件。

1）降低阳极与阴极间的电压，使经过晶闸管的电流小于维持电流。

2）阳极与阴极间的电压降为零。

3）将阳极与阴极间加反向电压。

图7-9　可控硅整流元件实物图

（二）被动式Crowbar工作过程

Crowbar的主要作用是保护变频器，当直流母排电压高于软件限值1175V、硬件限值1200V时，Crowbar动作，切断网侧变频器接触器-K340.4及定子接触器-K150.1，变频器菜单下Err104（Crowbar触发）。Crowbar工作过程如下：

（1）变频器时刻检测直流母线电压，当电压高于1175V时，电机侧变频器通过光纤与crowbar通信，此时光纤处有红光。

（2）Crowbar接受到来自变频器的报警信号后，b点输出电压，触发-V312.4时图7-10中箭头标识线路瞬间导通。

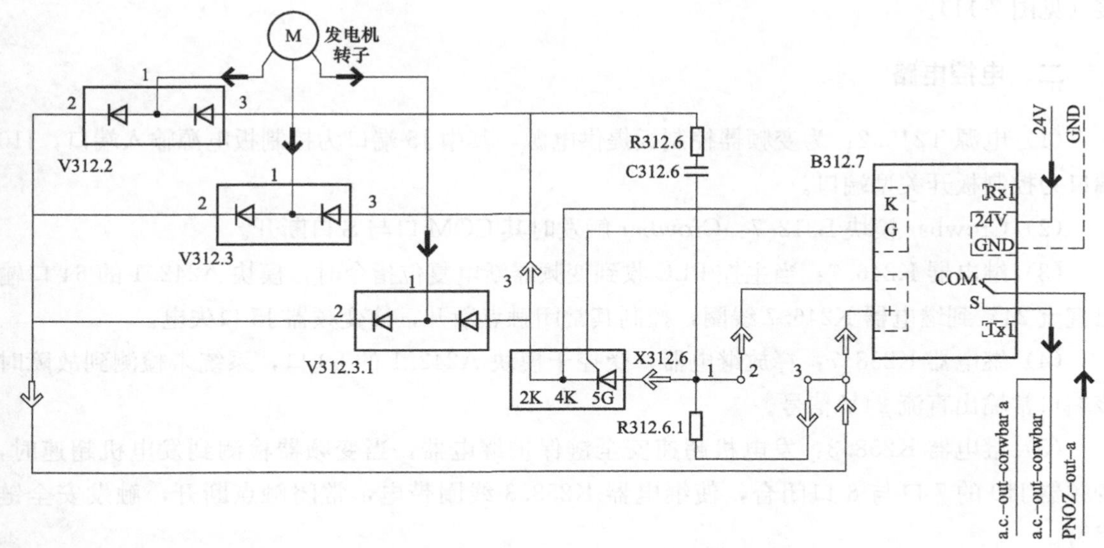

图7-10　Crowbar保护电路

（3）Crowbar通过a点检测电阻-R312.6.1的电压，线路导通后，电阻-R312.6.1产生压降，同时Crowbar的c点接触器动作，S与COM断开，定子接触器和网侧接触器同时断开，变频器停止工作。

第二节 电 控 原 理

一、原理介绍

变频器通过各个外接端口实现对电网、发电机信号的采集，同时通过对开关端口的控制，实现变频器各个状态间的切换。

（1）J9 口采集发电机转速信号，当该转速信号超过限定值时，机组触发“机侧安全链故障”，并同时切断安全链。

（2）J25 口采集发电机转子电压信号，J24 口采集发电机定子电压信号，J23 口采集电网电压信号，当 J25 口与 J23 口电压信号同步时，允许吸合网侧接触器，当 J24 口与 J23 口电压信号同步时，允许吸合定子接触器。

（3）J10 的各个开关端口，实现发电机超速安全链报警、网侧接触器吸合、预充电接触器吸合等功能。

（4）J5 口为电源接入端口，为变频器控制板和 DSP 板提供电源。

（5）J26 口接电流互感器，风机并网发电时，通过该端口实时测量电网三相电流值。

（6）Crowbar 光纤通信端口，使用光纤建立变频器与 Crowbar 间的通信连接。

（7）J7 口为 CAN 通信端口，使用 CAN 通信线建立变频器与主控 PLC 间的通信连接（见图 7-11）。

二、电控电路

（1）电源 T215.2：为变频器控制板提供电源，其中 J5 端口为控制板电源输入端口，J10 端口为控制板开关型端口。

（2）Crowbar 模块 B312.7：Crowbar 触发时其 COM 口与 S 口断开。

（3）继电器 K246.7：当主控 PLC 收到变频器断电复位指令时，模块 A242.1 的 64 口输出直流 24V 到继电器 K246.7 线圈，控制其常闭触点断开，使变频器 J5 口失电。

（4）继电器 K258.7：释放继电器，受控于模块 A242.1 的 80 口，系统未检测到故障时该端口常输出直流 24V 信号。

（5）继电器 K258.3：发电机超速安全链保护继电器，当变频器检测到发电机超速时，变频器 J10 的 7 口与 8 口闭合，使继电器 K258.3 线圈带电，常闭触点断开，触发安全链报警。

（6）继电器 K258.1：网侧接触器 K151.8 线圈供电回路控制继电器，当变频器启动到网侧时，变频器 J10 的 3 口与 4 口闭合，使继电器 K258.1 线圈带电，进而控制网侧接触器 K151.8 带电闭合。

（7）接触器 K340.2：预充电接触器，变频器启动到预充电或进行 Crowbar 测试时，变频器 J10 的 5 口与 6 口闭合，使接触器线圈带电，控制预充电回路导通（见图 7-12）。

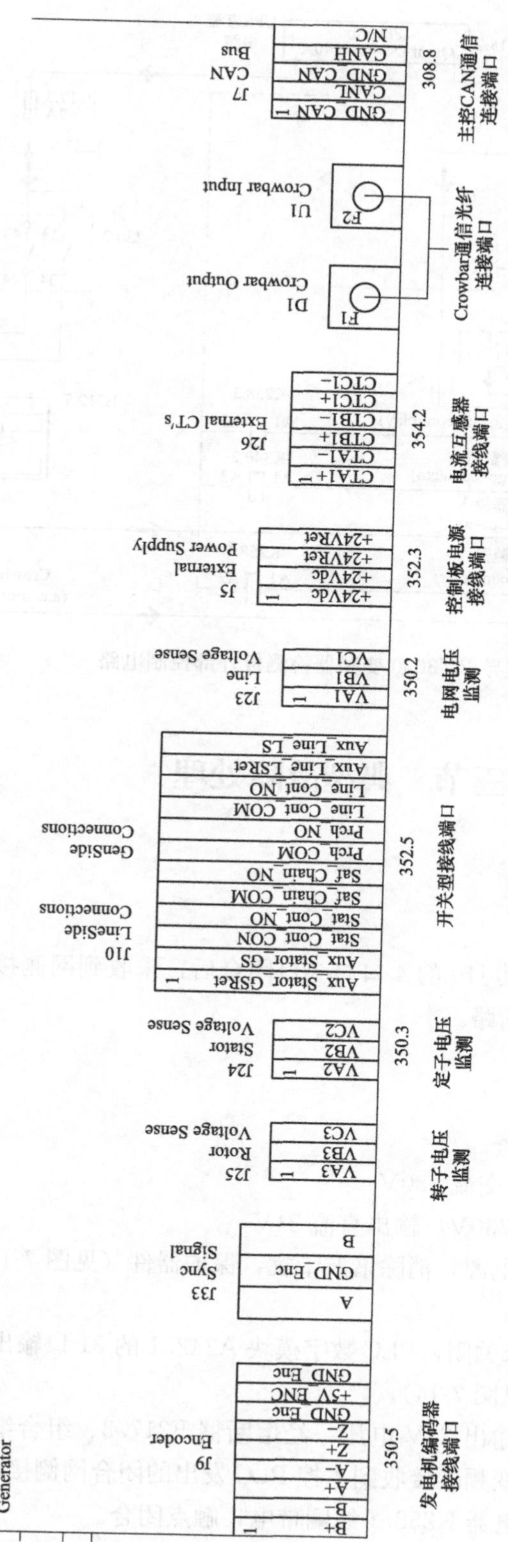

图 7-11　超导 PM3000 变频器电路板接线示意图

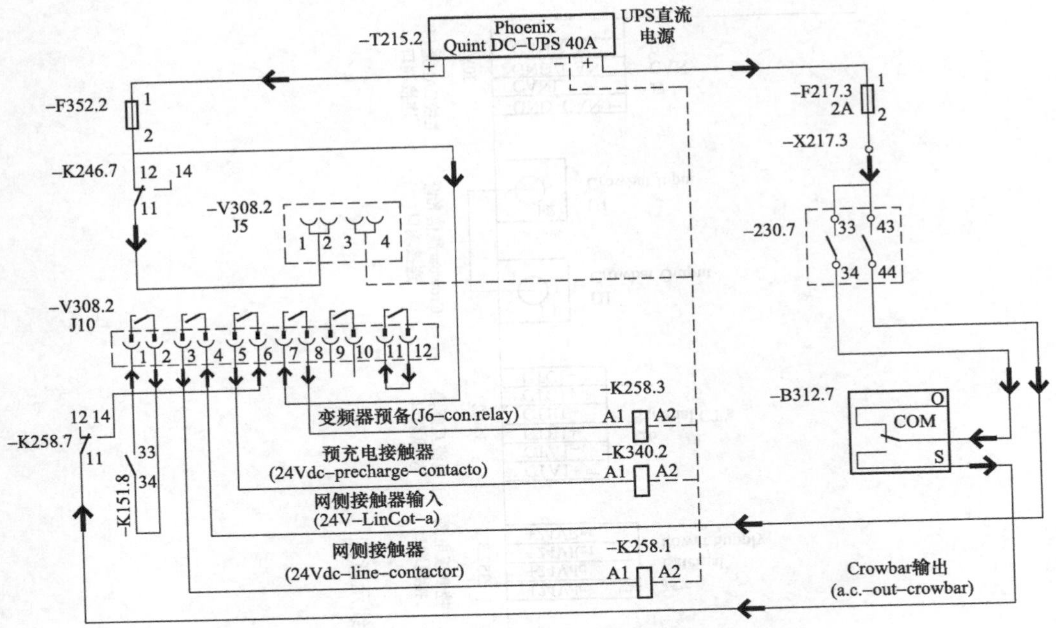

图 7-12　超导 PM3000 变频器检测板外部控制电路

第三节　典型故障处理

一、网侧接触器吸合超时

（一）原因分析

变频器启动到网侧时，控制其 J10 的 4 口与 3 口闭合后，未收到网侧接触器吸合反馈信号。变频器 J10 的 1 口与 2 口间断路。

（二）检查测试

1. 电控回路检查

（1）网侧接触器供电回路检查。

1）箱式变压器输出电压为：交流 230V；

2）电源 T150.7：输入交流 230V，输出直流 24V；

3）电源 T151.5：直流稳压电源，消除谐波干扰，保护器件（见图 7-13）。

（2）网侧接触控制回路检查。

1）机组无通信故障且刹车未关闭，PLC 数字模块 A242.1 的 31 口输出 24V 控制继电器 K247.5 线圈带电，触点动作（见图 7-14）。

2）机舱 UPS 电源 T215.2 输出 24V 电压，经熔断器 F217.3、组合继电器 K230.7 后，接到变频器 V308.2 的 4 口，当变频器接收到主控 PLC 发出的闭合网侧接触器的信号后，其 J10 的 4 口与 3 口导通，使得继电器 K258.1 线圈带电，触点闭合。

3）组合继电器 K230.7 的触点 13、14 口与 43、44 口的闭合，受控于继电器 K230.3 的

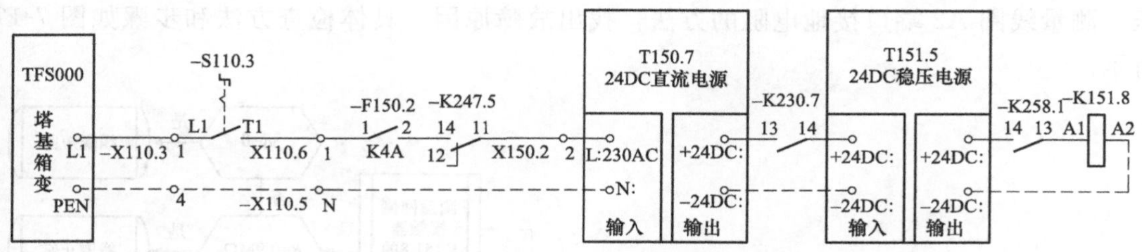

图 7-13 网侧接触器供电电路

A1、A2 口有 24V 电压，S11、S12、S22 间导通，且 S34 口得到瞬间 24V 触发信号（见图 7-15）。

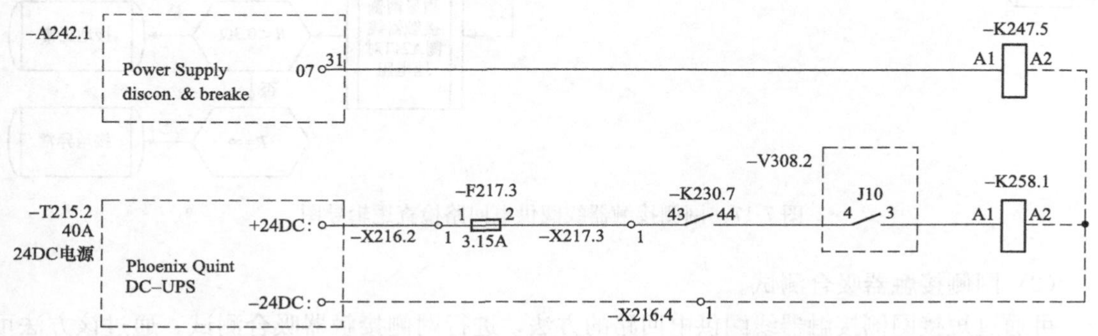

图 7-14 继电器 K247.5、K258.1 供电电路

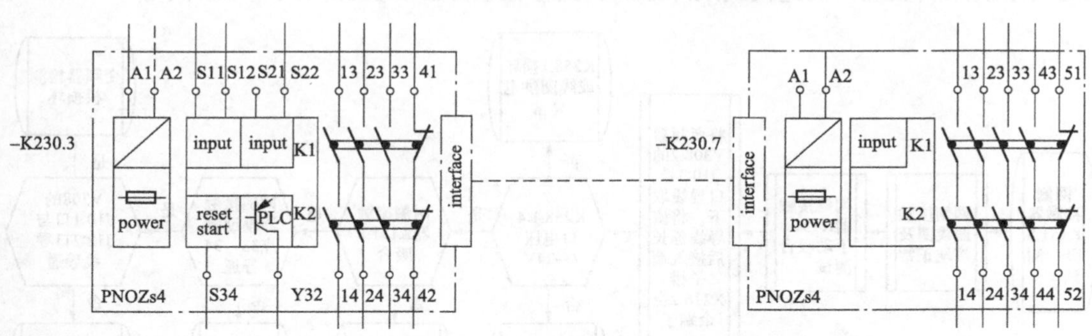

图 7-15 组合继电器内部电路

（3）网侧接触器反馈回路检查。

网侧接触器 K151.8 吸合后，变频器 V308.2 的 J10 口的 1 号口与 2 号口导通，主控得到网侧接触器吸合反馈信号。注意程序里设定不再由 PLC 模块 A241.1 的 23 口监测网侧接触器状态（见图 7-16）。

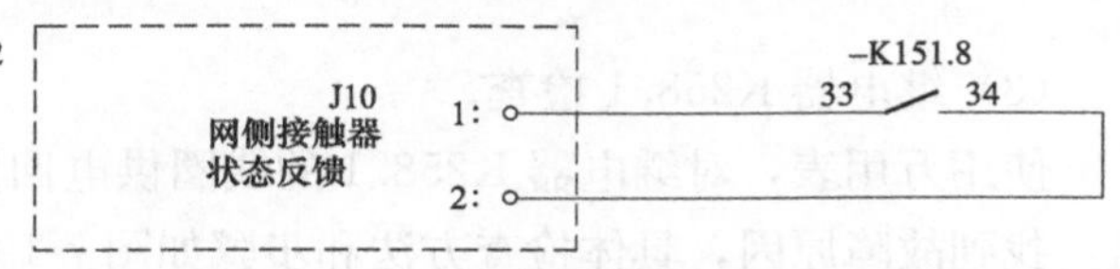

图 7-16 网侧接触器状态反馈信号电路

2. 故障处理

（1）网侧接触器线圈供电回路检查。

使用万用表检查网侧接触器线圈供电回路是否正常，通过测量线圈 A1 端口供电电

压，测量线圈 A2 端口接地电阻的方法，找出故障原因。具体检查方法和步骤如图 7-17 所示。

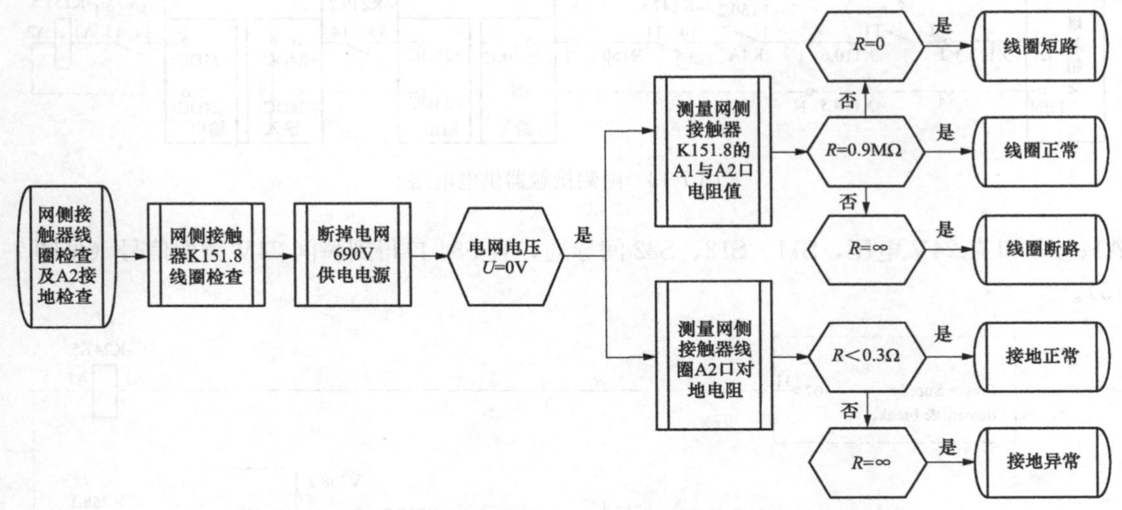

图 7-17　网侧接触器线圈供电回路检查逻辑导图

（2）网侧接触器吸合测试。

可通过短接网侧接触器线圈供电回路的方法，进行网侧接触器吸合测试。通过该方法可准确判断故障点位置，快速找到故障原因。具体检查方法和步骤如图 7-18 所示。

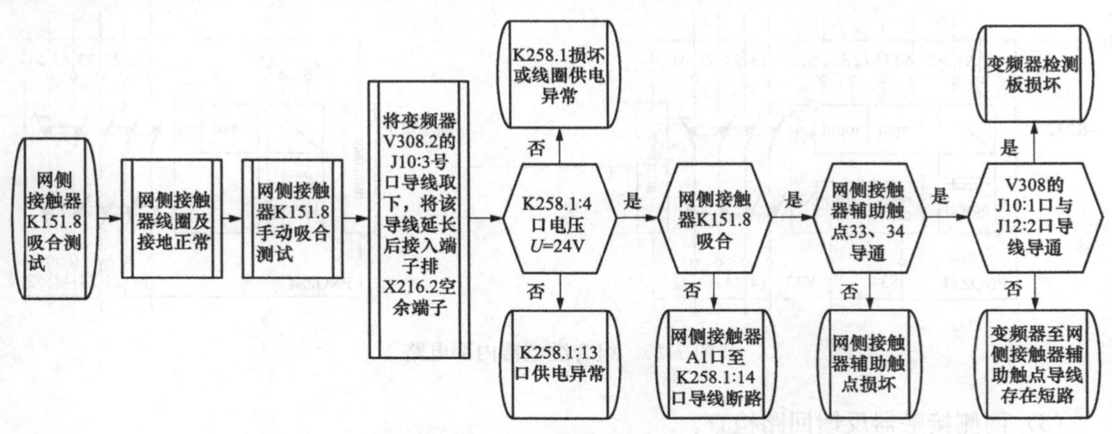

图 7-18　网侧接触器吸合测试逻辑导图

（3）继电器 K258.1 检查。

使用万用表，对继电器 K258.1 的线圈供电回路进行检查，通过测量回路中的电压和电阻，找到故障原因，具体检查方法和步骤如图 7-19 所示。

（4）网侧接触器 K151.8 供电检查。

使用万用表，对网侧接触器 K151.8 的线圈供电回路进行检查，通过测量回路中的电压和电阻，找到故障原因，具体检查方法和步骤如图 7-20 所示。

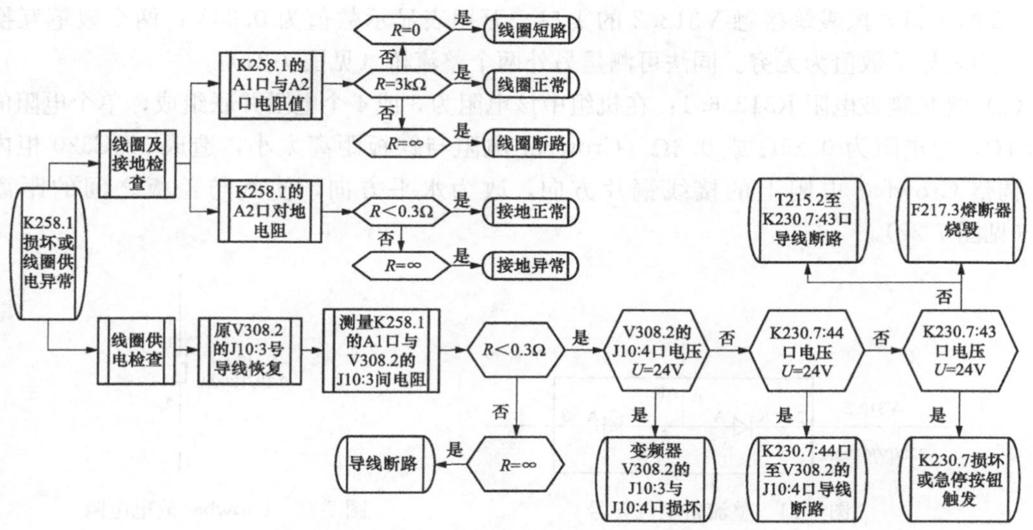

图 7-19　继电器 K258.1 检查逻辑导图

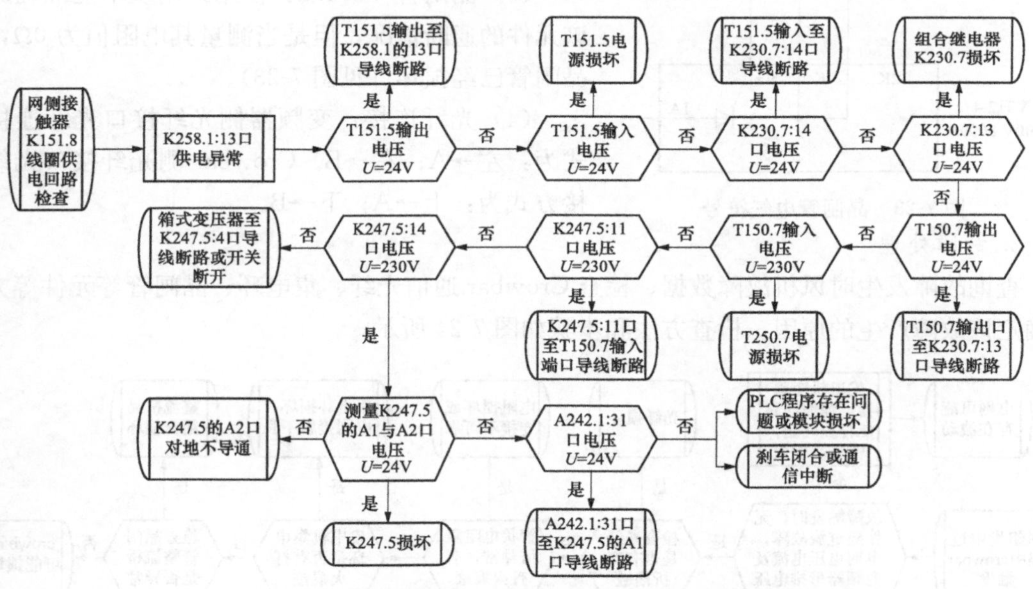

图 7-20　网侧接触器 K151.8 供电检查逻辑导图

二、Crowbar 触发（ConErrSto306）

（一）原因分析

正常 Crowbar 测试时此故障与 ConErrSto238 同时报，若单报此故障。

（二）处理方法

1. 电控回路检查

（1）整流桥（V312.2、V312.3、V312.3.1）检查：使用万用表二极管档测量整流桥导通情况，以 V312.2 为例，正常情况下红表笔接触 V312.2 的 1 口，黑表笔接触 V312.2 的 2 口，万用表显示数值为 0.34V；两个表笔互换位置，万用表显示数值为无穷。红表笔接触

V312.2 的 3 口，黑表笔接触 V312.2 的 1 口，万用表显示数值为 0.34V；两个表笔互换位置，万用表显示数值为无穷。同法可测量另外两个整流桥（见图 7-21）。

（2）管状爬坡电阻 R312.6.1：在机组中该电阻为 3 或 4 个电阻并联组成，单个电阻的阻值为 1Ω，总电阻为 0.25Ω 或 0.3Ω（Crowbar 电阻与铁板距离太小，造成 NCC320 柜内放电；调整 Crowbar 电阻上的接线铜片方向，改为水平方向，使其与盖板之间的距离变大）（见图 7-22）。

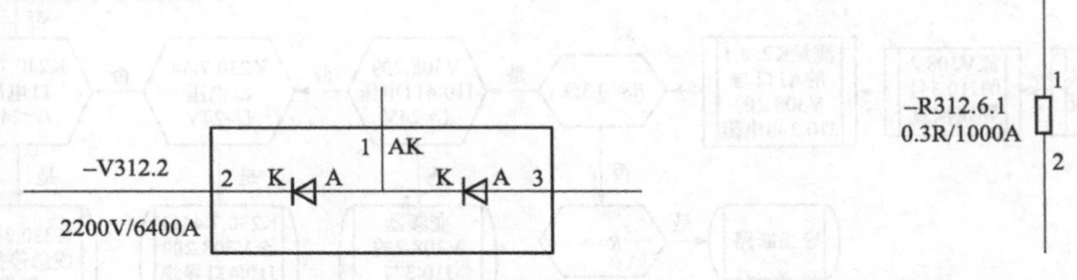

图 7-21 整流桥电气符号　　图 7-22 Crowbar 放电电阻

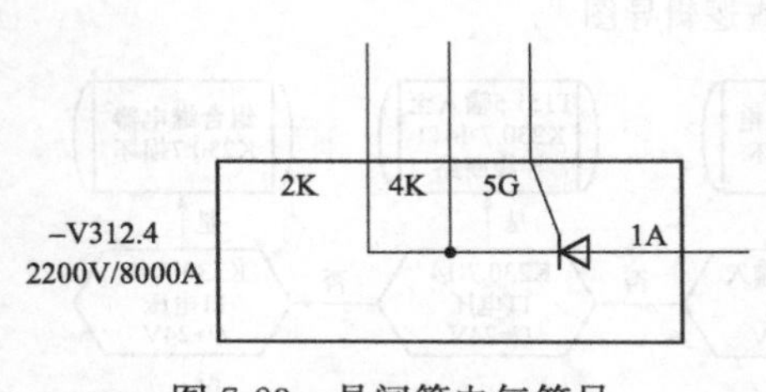

图 7-23 晶闸管电气符号

（3）晶闸管 V314.2：使用万用表不能准确测量该元件的通断情况，但是当测量其电阻值为 0Ω，则晶闸管已经损坏（见图 7-23）。

（4）光纤连接：变频器侧光纤接口光纤连接方式为：左→A；右→B。Crowbar 侧光纤接口光纤连接方式为：上→A；下→B。

2. 故障处理

查询故障发生时风机故障数据、检查 Crowbar 通信光纤、集电环、晶闸管等元件等方法可确定该故障产生的原因。检查方法和步骤如图 7-24 所示。

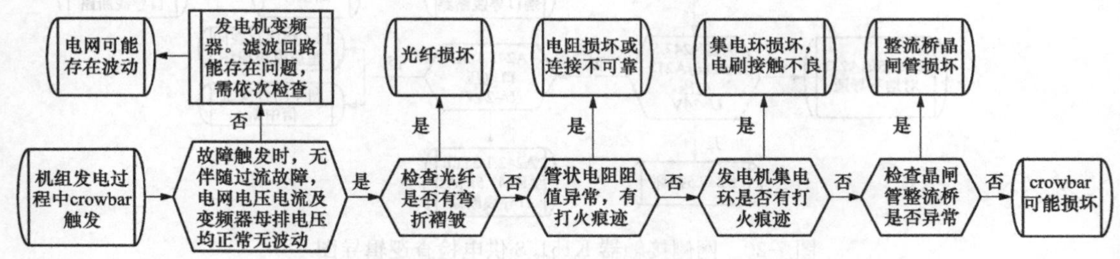

图 7-24 Crowbar 触发故障处理逻辑导图

三、Crowbar 自检失败

1. 原因分析

Crowbar 自检测试失败，该故障多为 Crowbar 测试回路存在问题，就电气元件而言，多为变频器、发电机及管状爬坡电阻损坏。在故障处理过程中可通过变频器测试，快速确定故障点位置。

2. 处理方法

该故障的产生与 Crowbar 单元、发电机、变频器均存在关联，进行故障处理时需对上述

器件进行详细检查，具体检查方法和步骤如图 7-25 所示。

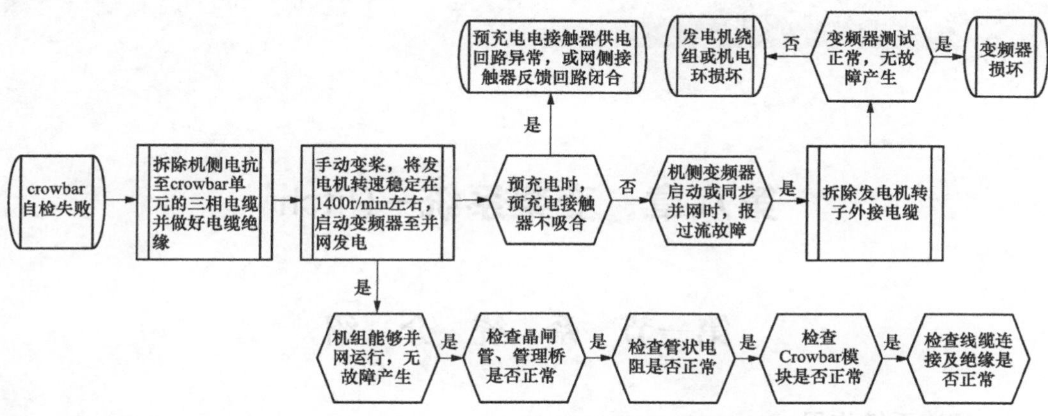

图 7-25　Crowbar 自检失败故障处理逻辑导图

四、GSC 过电流 1a /2a/3a（以 ConErrSto170 为例）

（1）手动测试变频器到 GSC 就报此故障；

（2）Crowbar 测试报此故障；

（3）变频器及 Crowbar 测试均通过，并网发电运行一段时间后报此故障。

（一）原因分析

机侧变频器 IGBT 1a 相过流。多为发电机、变频器损坏。如果只报 1a 相过电流，更换发电机转子到 GSC 的电缆相序（三相平移，如：原先顺序为 KLM，现转换为 MKL），如果报另外两相过电流故障，则变频器损坏的可能性较小，故障原因可能是发电机转子接地、相间短路、集电环放电导致。

（二）处理方法

检查确定引起过流的故障点。多为变频器、发电机损坏或输电线缆绝缘破损。具体检查方法和步骤如图 7-26 所示。

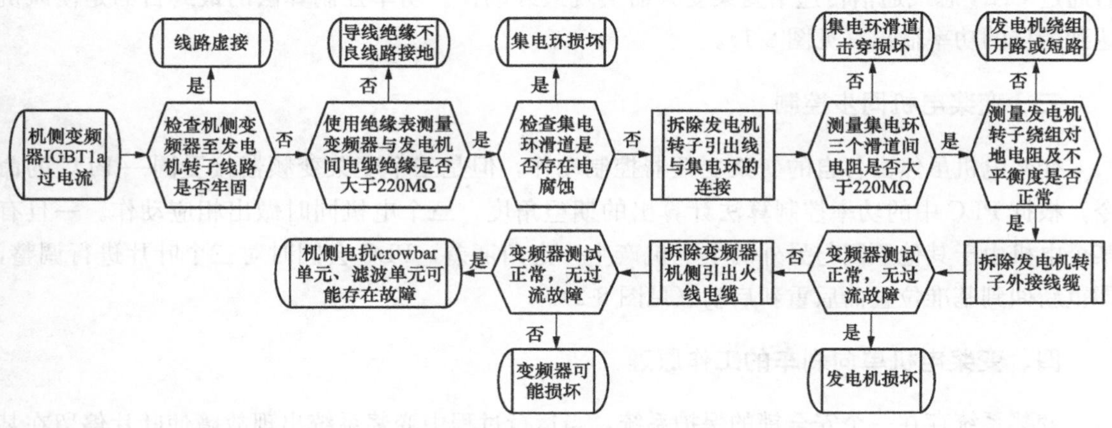

图 7-26　GSC 过电流 1a/2a/3a 故障处理逻辑导图

第八章　变桨系统—Pitch

第一节　系　统　介　绍

一、变桨系统作用

(1) 在风速小于目标风速时，通过调整叶片角度，来得到最佳的发电功率。

(2) 当风速大于目标风速时，变桨系统调节叶片角度，控制风机的速度和功率维持在一个最优的水平。

(3) 当安全链断开的时候，把叶片转到顺桨位置（安全运行），把风轮当成一个空气动力学刹车使用。

(4) 利用风和叶轮的相互作用，减小摆动从而将机械负载最小化。

二、变桨系统控制转速原理

当风速大于目标风速时，变桨系统调节叶片角度，控制风机的速度和功率维持在一个最优的水平。在风速小于目标风速时，通过调整叶片角度，来得到最佳的发电功率。利用风和叶轮的相互作用，减少摆动从而将机械负载最小化。

每一个叶片用独立的变桨电机带动，受独立的变桨变频器控制其转速，从而实现叶片在顺桨位置和工作位置间连续性的动作。叶片的移动角度由 PLC 中的功率控制算法计算得出后通过 CAN 总线通信传递给变桨变频器实现最终动作。功率控制算法的最终目的是使风机达到最佳的功率输出（见图 8-1)。

三、变桨电机同步控制

变桨电机虽然由各自的变桨变频器控制动作，但是三个变桨变频器接受同一 PLC 的命令，根据 PLC 中的功率控制算法计算出的期望角度，三个电机同时做出相应动作。一旦有某个电机由于其他原因与另外两个电机产生一定角度差，PLC 会同时对三个叶片进行调整，即重新回到基准位置而后重新启动（见图 8-2)。

四、变桨电机单向刹车的工作原理

变桨系统存在一个安全锁的保护系统，当运行过程中变桨系统出现故障使叶片停留在某一工作位置时，电机刹车也同时吸合，但电机刹车为单向制动，它会阻止叶片向工作位置移

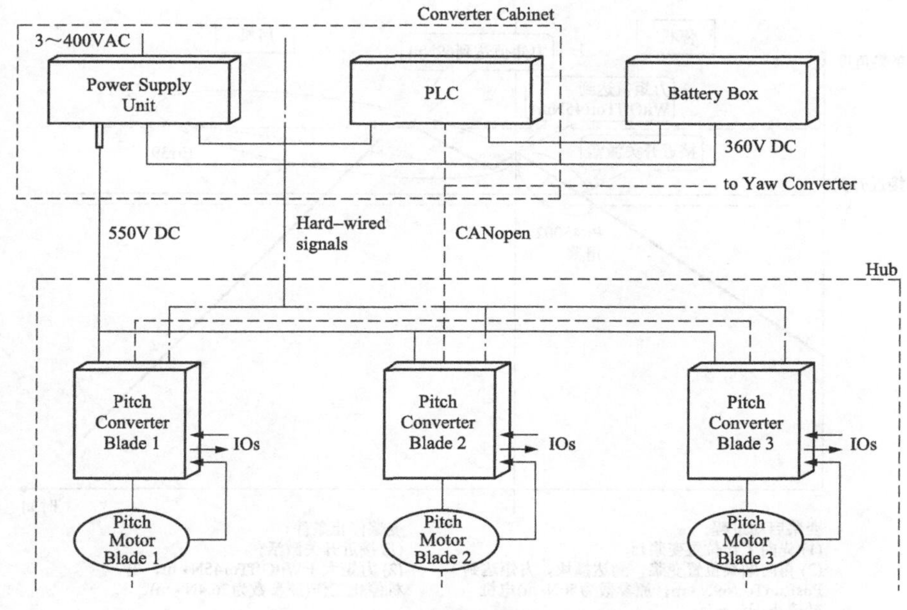

图 8-1 变桨系统拓扑图

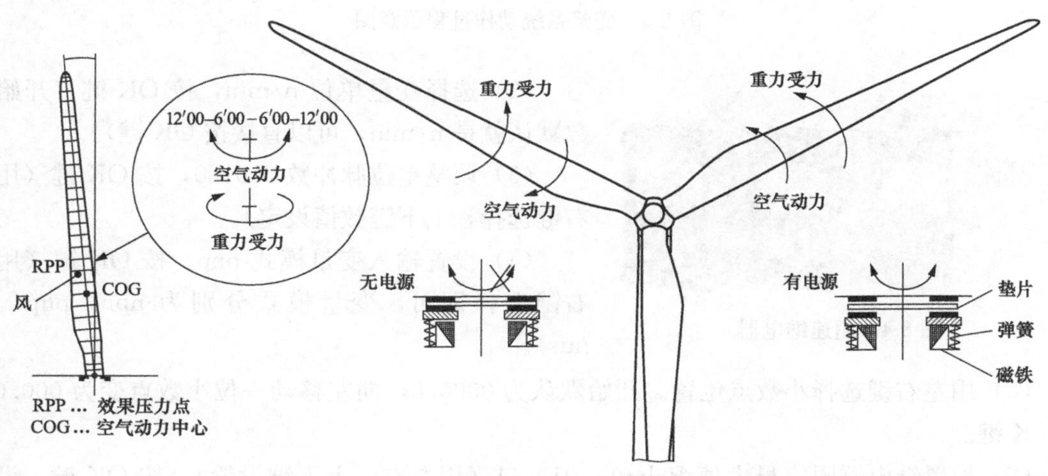

图 8-2 风机叶片受力示意图

动。当外力足够大时，叶片会自动回到顺桨位置，这是风机的一种保护机制，目的是降低风机在故障后对风能的吸收（见图 8-3）。

五、变桨系统控制叶片收桨及展开过程

六、超速继电器设定方法

(1) 按 PROG 键（编译/退出），左上角出现闪烁的 PROG 字样，选择 OK 键（确认），出现 MODE，再选择 OK 键，进入设定模式（见图 8-4）。

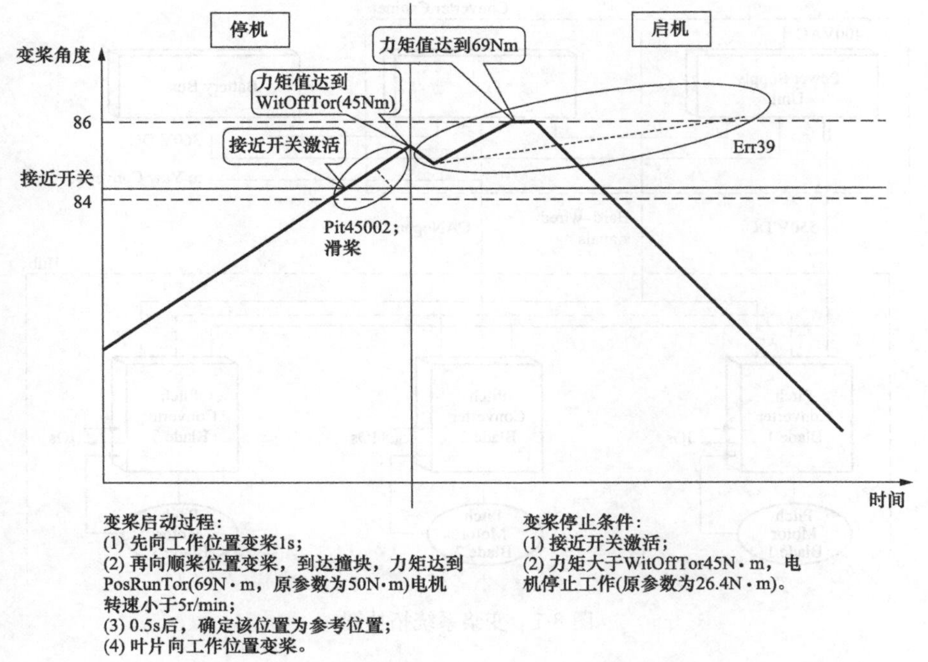

图 8-3　变桨系统动作过程示意图

图 8-4　超速继电器

(2) 选择变量单位 n/min，按 OK 键（开始参数默认就是 n/min，可以直接按 OK 键）。

(3) 调整单位脉冲数 000120，按 OK 键（用左右键选择，上下键数值设定）。

(4) 设置输入变量模式 pnp，按 OK 键（用左右键选择即可，变量模式分别为 npn，pnp，sinus）。

(5) 用左右键选择小数点位置。开始默认为 0000.0，向左移动一位小数点变为 000.00，按 OK 键。

(6) 设置继电器限定最大值 Relay1：019.41（用左右、上下键设置）。按 OK 键，设置↑和 com nc no，按 OK 键，设置 Relay1 的切换返回值：015.00，按 OK 键（此项设置中只需修改数值为 019.41 和 015.00，其中箭头和开关基本为默认值，详细数值如表 8-1 所示）。

表 8-1　　超速继电器参数设定表

rotor diameter:	70m	77m
code:	00000	00000
mode:	r/min	r/min
pulses per revolution:	120	120

续表

input-signal：	pnp	pnp
setpoint 1：	22.44	19.41
relay function 1：	t	t
relay output 1：		
hyst-point 1：	15.0	15.0
setpoint 2：	22.44	19.41
relay function 2：	t	t
relay output 2：		
hyst-point 2：	15.00	15.00
analog output：	4mA	4mA
analog output 20mA：	23.00r/min	23.00r/min
drop-down-dealy：	0.0	0.0
start-up-dealy：	0.0	0.0
periods：	2	2
input signal trigger：	6.0	6.0

（7）OK 之后设置 Relay2：019.41，按 OK，设置高速↑和 com nc no，按 OK，设置 Relay2 切换返回值 015.00，按 OK 键（此项设置和第 6 步设置的数值，方法相同）。

（8）设置模拟信号偏移量，设定为 4mA，再设定可控模拟信号输出的缩放比例让输出值为 20mA，按 OK 键。（用上下键设置）

（9）OK 键之后设定脉冲频率平均限定值 023.00，按 OK 键设置完成，设置界面自动返回到标准界面（见表 8-1）。

第二节　电　控　原　理

一、电控原理介绍

（1）每一个叶片都可以通过变桨轴承、飞轮、减速箱、电机来转动。通过变桨变频器控制变桨电机的转速，可使叶片在顺桨位置和工作机械位置中任何位置连续地工作。叶片的原始位置是通过 PLC 中的控制算法计算而来。

（2）如果安全链断开，叶片向顺桨位置旋转，并使风力发电机组的转速降下来（空气动力学刹车），从而有效地防止叶片在风力发电机组出现故障的时候，依然在工作位置，不能停机的状况。

（3）当电网掉电时，电池系统可以通过直流电压为变频器供电，同样可以完成停机作用。

（4）变桨电机和变桨机柜都安装在转动的轮毂中，电池系统与其供电单元都安装在不存在转动的机舱内。

(5) 电池系统的电源与一些信号通过集电环连接到转动的轮毂中。变桨系统的控制通过从 PLC 传输信号的总线系统实现。

二、电控电路

(一) 主回路供电

(1) 整流桥 V21.7：用于消除回路中的反向电流，电网正常时输入电压等于输出电压，电网掉电时等于电池电压；

(2) 斩波器 Z21.7：起到滤波的左右；

(3) 柜体电源开关 S21.7：手动旋钮开关；开关断开后变频器彻底断电；

(4) 制动电阻 R23.2：阻值为 100Ω，消除回路中由感应电动势产生的反向电流，保护变桨变频器，通常该电阻损坏，易造成电源供电空开 F200.2 跳开。

(5) 变桨变频器 U23.4：电网正常时输入端为直流，其电压值为直流 550V，电网掉电紧急收桨时输入电压等于变桨蓄电池电压；输出端为交流，其电压值随变桨电机扭矩不同而变化。

(6) 交流伺服变桨电机 M23.2：电机内含单向制动刹车、角度编码器、热保护开关及绕组测温 PT，伺服电机内部的转子是永磁铁，变桨变频器控制的 U、V、W 三相电形成电磁场，转子在此磁场的作用下转动，同时电机自带的编码器反馈信号给驱动器，驱动器根据反馈值与目标值进行比较，调整转子转动的角度（见图 8-5）。

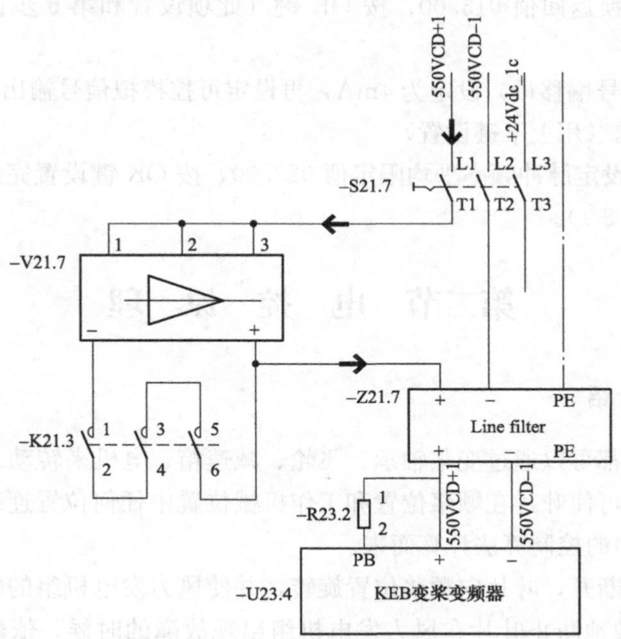

图 8-5　电控柜内变桨变频器供电电路

(二) 控制侧回路供电

(1) AN1＋端口：变桨电机绕组温度测量端口，回路断路时显示电机绕组温度为

1600℃，回路短路时显示电机绕组温度为－1600℃；

（2）AN2＋端口：控制柜温度测量端口，回路断路时显示电机绕组温度为1600℃，回路短路时显示电机绕组温度为－1600℃；

（3）SSW端口：变桨合理性监测端口，正常状态下该端口常用直流24V电压信号；自动状态下，安全链检测无故障，控制继电器K25.2的触点闭合，使SSW端口带电；手动变桨控制盒插入时，控制继电器K26.8线圈带电，常开触点闭合，使SSW端口带电；

（4）fb_service_box端口：变桨控制盒接入端口，变桨控制盒接入时，该端口输入直流24V数值信号，主控显示变桨控制盒接入；

（5）PTC—brake端口：变桨电机热保护开关反馈端口，当变桨电机内的PTC电阻发热严重时，触发热保护开关S26.8动作，使继电器K26.8线圈失电触点断开，进而导致端口直流24V数字信号失去，触发电机过热保护故障；

（6）ind_prox_sw端口：接近开关反馈端口，当叶片向基准位置移动，叶片角度大于基准角度减去1°时，接近开关被触发，该端口存在直流24V数字信号；当叶片远离基准位置，且叶片角度小于77.5°时，接近开关关闭，该端口直流24V数字信号失去；

（7）forth端口：变桨控制盒手动开桨信号输入端口，在变桨控制盒接入的情况下，该端口输入直流24V数字信号，叶片展开；

（8）back端口：变桨控制盒手动顺桨信号输入端口，在变桨控制盒接入的情况下，该端口输入直流24V数字信号，叶片收回；

（9）main_sw端口：柜体电源开关S21.7状态反馈端口，开关S21.7闭合时，该端口常用直流24V数字信号；

（10）fan_on/off端口：柜体内冷却风扇开启、关闭信号输出端口；

（11）heating_on/off端口：柜内加热器开启、关闭信号输出端口；

（12）＋直流24V_1端口：直流24V数字信号输入端口，变频器送电后，该端口有直流24V信号输出；

（13）rel_sk_bra端口：变频器自身检测无故障时，该端口输出直流24V，控制安全链闭合；

（14）freewheel_brake端口：变桨刹车打开信号输出端口（见图8-6）。

（三）变桨电机刹车供电

1. 变桨电机刹车打开条件

交流输入220V电压正常；开关触点K26.5闭合。

2. 变桨刹车电路控制

（1）手动操作盒控制：当变桨控制盒接入时，继电器K25.3、K25.6、K25.8线圈带电触点闭合，刹车整流桥输入端接入交流220V电压，同时接触器K21.3受控于安全链，在安全链无故障的情况下，其辅助触点21、22闭合，刹车整流桥输出端输出直流270V（见图8-7）。

（2）自动、服务状态控制：在自动或服务状态，当安全链无故障时，继电器K25.2.1线圈带电触点闭合，当变桨变频器本身检测无故障时（如过热、过流、无通信），继电器K25.6

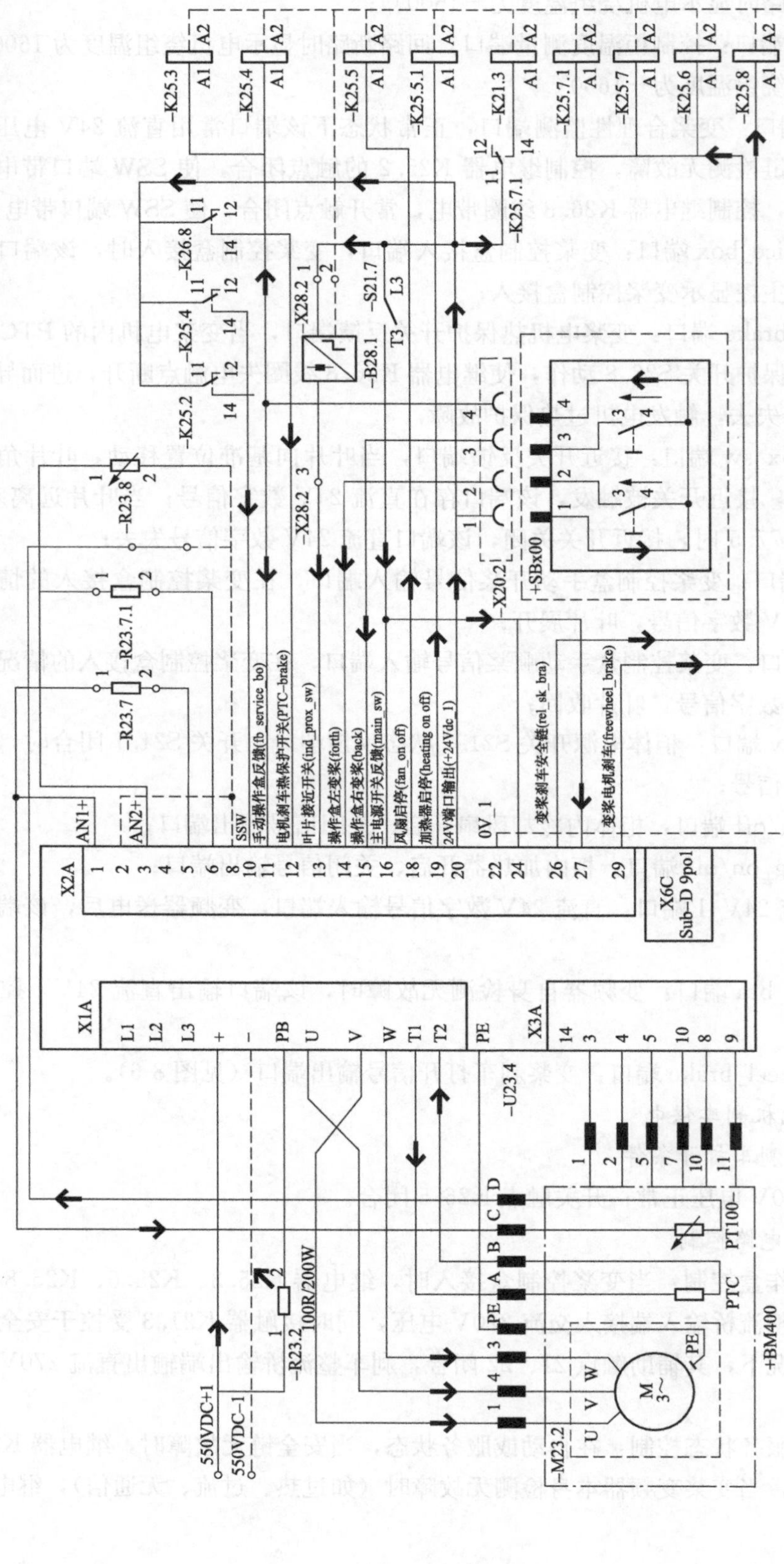

图 8-6　变桨系统供电及控制电路

线圈带电触点闭合。当变桨变频器接收到主控发出的变桨指令时，变桨变频器的 29 口输出直流 24V 信号，控制继电器 K25.8 线圈带电触点闭合，进而使刹车整流桥输入端接入交流 220V 电压，在接触器 K21.3 辅助触点闭合时，刹车整流桥输出端输出直流 270V 电压。

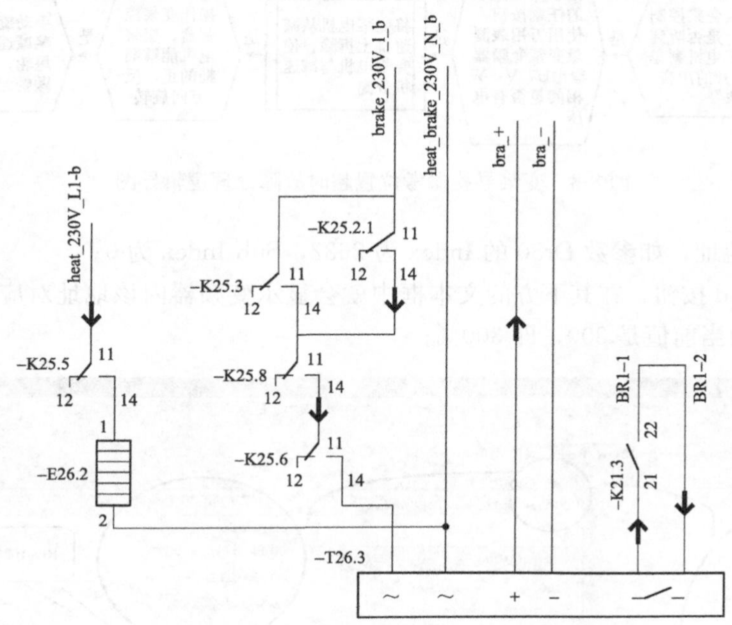

图 8-7　变桨刹车整流桥供电电路

第三节　典型故障处理

一、变桨寻找参考位置超时故障 Err551、554、557

（一）原因分析

变桨 1/2/3 寻找参考位置超时，在 30s 内找不到参考位置。

（二）处理方法

(1) 加注变桨润滑油脂。

(2) 如果叶片卡死，手动变桨脱离卡死位置。

1) 转动叶轮，使存在问题的叶片处于 6：00 位置，整个叶片竖直向下，锁定叶轮锁；

2) 将手动操作盒接入问题叶片对应的变桨控制柜，操作控制盒上的按钮，将叶片脱离卡死位置；

3) 若操作变桨控制盒，叶片未动作，则需要进一步对变桨驱动系统进行检查（见图 8-8）。

(3) 升级优化变桨变频器参数。

1) 使用 SolutinonCenter 软件连接待优化机组；双击选中机组号，如 FB24（86. 74. 24. 130），找到 CAN 菜单下的 Nr. 2（pitch）并双击，再双击需要修改参数的变桨变频器地址；

2) 双击 Monitor 下的 SDO Access 标签，在右边 SDO Index 中输入主地址，SDO Sub-

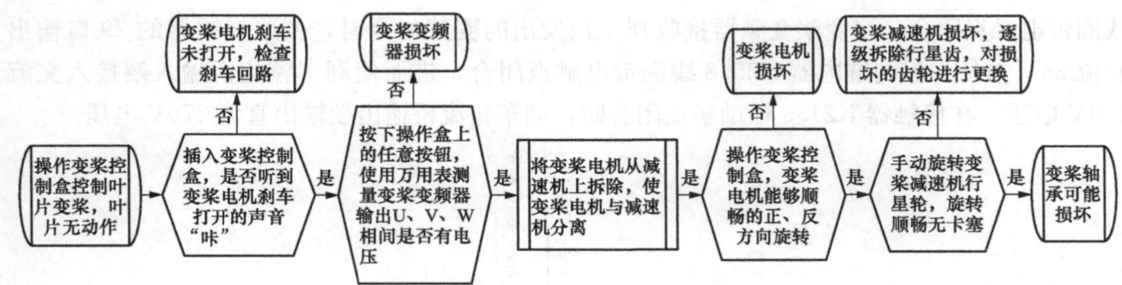

图 8-8 变桨寻找参考位置超时故障处理逻辑导图

Index 中输入子地址，如参数 Dr50 的 Index 为 2632，Sub Index 为 0；

3）点击 Read 按钮，在其下方的文本框中就会显示变频器内该地址对应的当前设置值，图 8-9 中 Dr50 的当前值是 300，即 300%；

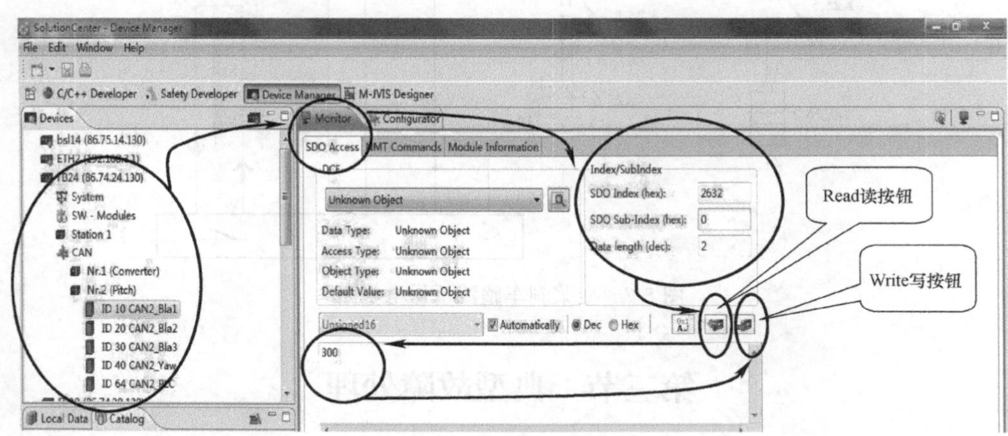

图 8-9 变桨参数优化流程图

4）如果该参数为 150，则把文本框中的 150 改为 300 后，点击 Write 按钮，参数值 300 就保存到变频器内部，再次点击 Read 按钮时，显示的参数值就为 300（见表 8-2）。

表 8-2 变桨系统参数优化表

序号	参数名称	Index	Sub Index	设定值	优化值	对应变桨子故障 ABB/bachmann	备 注
1	Dr50	2632	0	150%	300%	42030/20030	Electronic motor protective relay
2	SwiOffTor	2D06	11	2640	4500	45002/30002	Set switch-off torque for safety run(0. 01Nm)
3	DSMCurForZerSpe	261C	0	75	100	42020/20020，42030/20030	DSM current for zero speed (0. 1A)
4	DSMMaxTor	2621	0	700	780	45002/30002，(PLC)59，60	DSM Maximum torque(0. 1Nm)
5	PosRunTorLim1 (IPS)	2F14	20	5000	6900	42020/20020	Maximum torque for positioning mode when IPS active(0. 01Nm)

续表

序号	参数名称	Index	Sub Index	设定值	优化值	对应变桨子故障 ABB/bachmann	备注
6	PosRunTorLim2 (IPS)	2F15	20	5000	6900	42020/20020	Maximum torque for positioning mode when IPS active(0.01Nm)
7	PosRunTorLim3 (IPS)	2F16	20	5000	6900	42020/20020	Maximum torque for positioning mode when IPS active(0.01Nm)
8	PosRunTorLim4 (IPS)	2F17	20	5000	6900	42020/20020	Maximum torque for positioning mode IPS active(0.01Nm)
9	Pn65	2441	11	9	89	42020/20020	Special funtion
10	Pn14	240E	11	0	6		warning OH2 stop. Mode electronic motor protection
11	Dr34	2622	0	30	50		the time for the dr50(0.1s)

二、变桨合理性故障 Err552、555、558

（一）原因分析

当变桨变频器 X2A 的 10 口未检测到直流 24V 数字信号时，其通过 CAN 总线传给 PLC 的故障信息，主控报出对应变频器的变桨合理性故障。

（二）处理方法

1. 电控回路检查

(1) 手动操作盒模式：当手动操作盒接入时，变桨变频器 X2A 的 20 口输出的直流 24V 电压经手动操作盒的 1 口、4 口后接入继电器 K25.4 的线圈，控制其常开触点闭合，使变桨变频器 X2A 的 10 口带电（见图 8-10）。

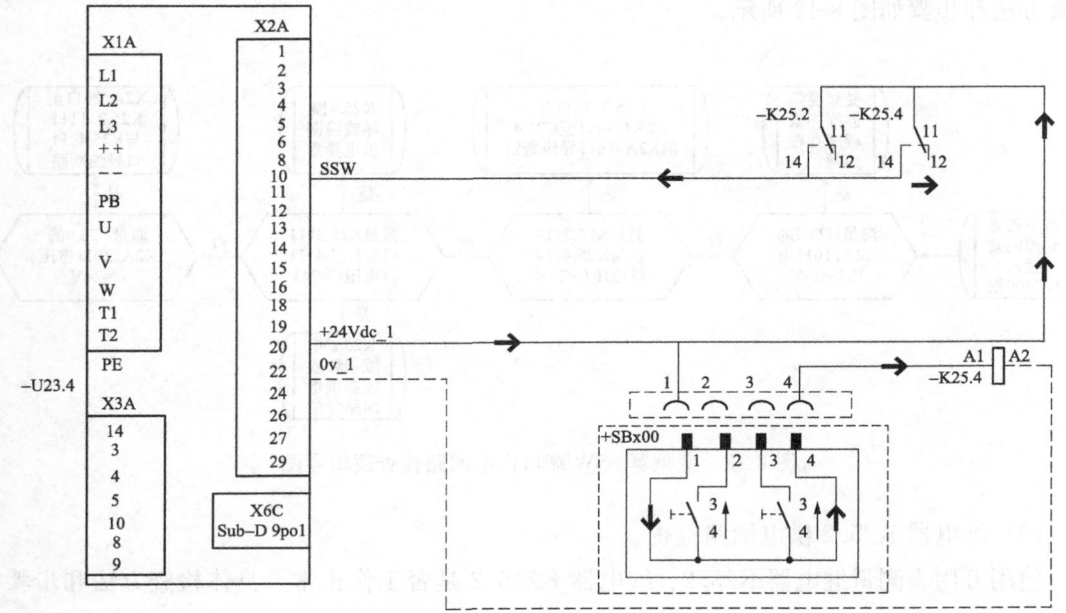

图 8-10 变桨手动操作盒控制电路

（2）自动模式：当系统安全链未检测到故障，各个节点均正常闭合，最终使三个变桨控制柜内的继电器K25.2、K25.2.1、K35.2、K35.2.1、K45.2、K45.2.1全部带电，常开触点闭合，使变桨变频器X2A的10口带电（见图8-11）。

（3）若三个叶片的合理性同时报出，多为继电器K25.2、K35.2、K45.2公共供电回路断路，应重点检查集电环、浪涌F238.6及其连接导线。

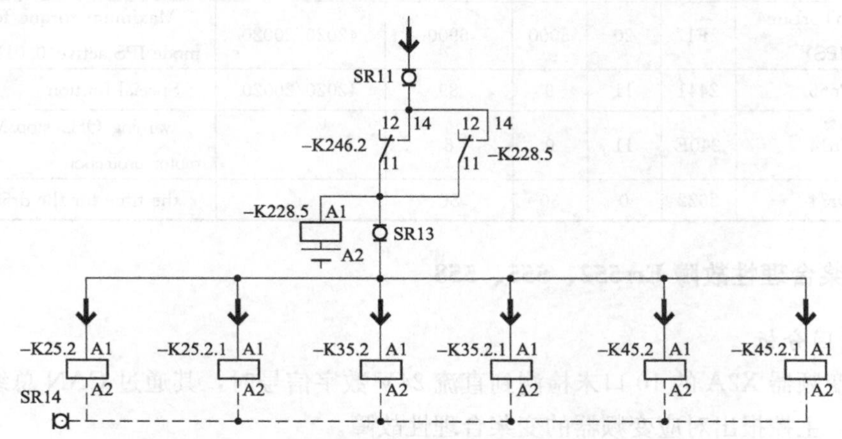

图8-11　安全链控制继电器K25.2供电电路

2. 故障处理

（1）变频器SSW端口供电回路检查（以叶片1为例）。

使用万用表测量SSW端口供电回路各个节点电压，判断线路和元器件是否损坏。具体检查方法和步骤如图8-12所示。

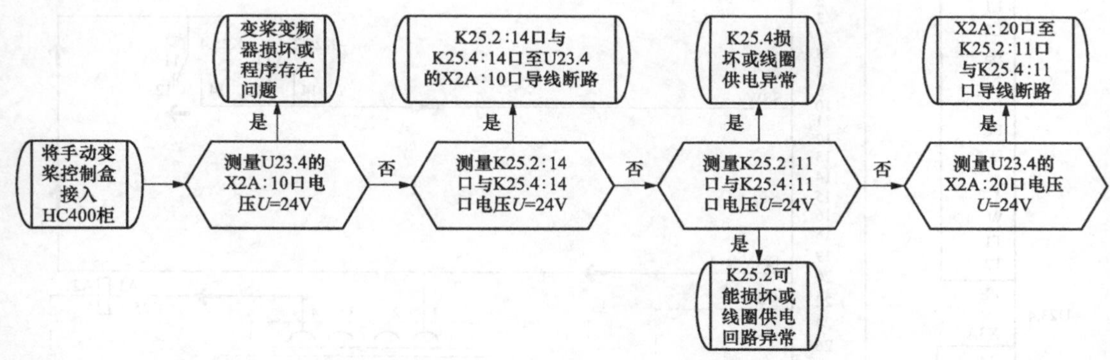

图8-12　变频器SSW端口供电回路检查逻辑导图

（2）继电器K25.2供电回路检查。

使用万用表测量继电器K25.2、继电器K246.2是否工作正常，具体检查方法和步骤如图8-13所示。

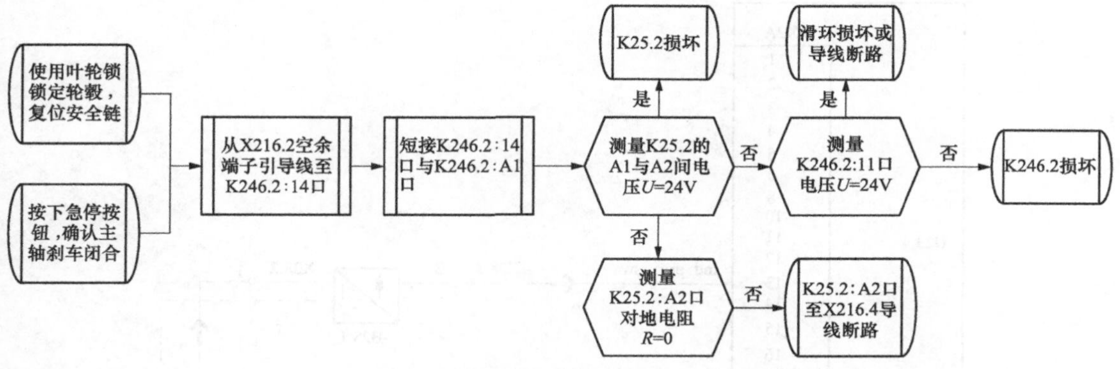

图 8-13　继电器 K25.2 供电回路检查逻辑导图

三、变桨感应开关故障 PitErr30001

（一）原因分析

当叶片角度小于 77.5°时，接近开关触发。正常情况下，当叶片角度小于 77.5°时，安装于变桨齿圈上的接近开关感应片已远离接近开关，两者间的电磁感应效应消失，接近开关断开，使变桨变频器 X2A 的 13 口失电。若此时该端口依旧有直流 24V 电压，则故障产生（见图 8-14、图 8-15）。

图 8-14　叶片接近开关实物图

（二）处理方法

利用手动变桨操作盒控制叶片变桨，进行接近开关功能测试，判断接近开关是否损坏。具体检查方法和步骤如图 8-16 所示。

四、变桨感应开关故障 PitErr30002

（一）故障原因

叶片角度大于基准角度－1°，接近开关未触发。正常情况下，当叶片角度大于基准角度－1°时，安装于变桨齿圈上的接近开关感应片完全处于接近开关上方，两者间产生电磁感

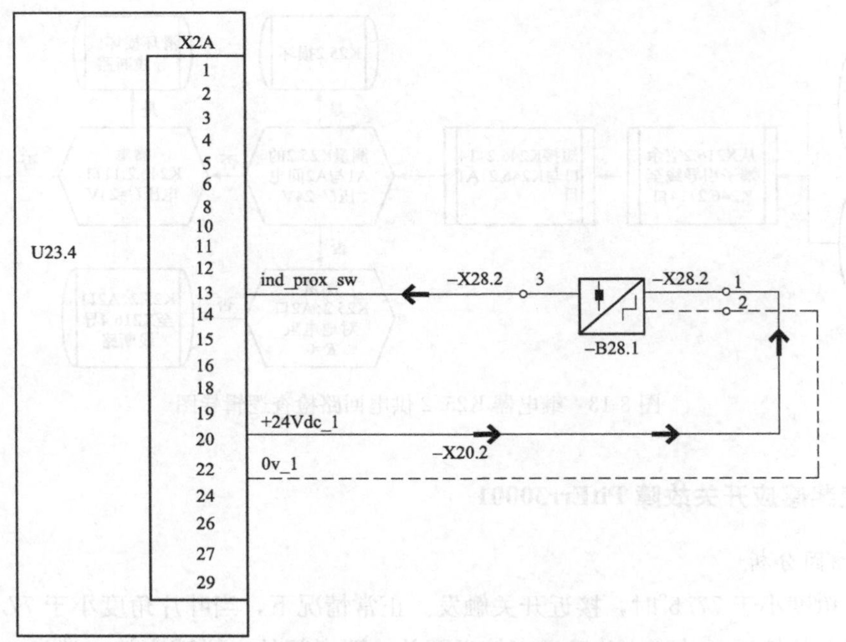

图 8-15　叶片接近开关电路图

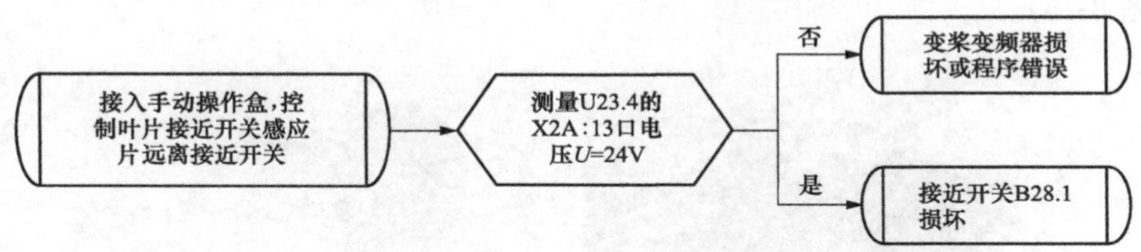

图 8-16　变桨感应开关 PitErr30001 故障处理逻辑导图

应效应，接近开关触点闭合，使变桨变频器 X2A 的 13 口带电。若此时该端口没有直流 24V 电压，则故障产生。

常见原因为将变桨电机停止扭矩设定值错误，需将变频器参数 SwiOffTor 调为 4500；接近开关感应片与传感器间距离太远，调整接近开关感应片位置；变桨轴承卡塞，需加注润滑油脂。

（二）处理方法

1. 手动测试

使用螺钉刀等金属物体靠近接近开关，接近开关状态指示灯应点亮，变桨变频器 X2A 的 13 口存在 24V 直流电。将螺钉刀远离接近开关后，接近开关状态指示灯熄灭，变桨变频器 X2A 的 13 口的 24V 直流电消失。具体检查方法和步骤如图 8-17 所示。

2. 检查接近开关与感应铁片间距离

正常情况下，接近开关与感应铁片间的距离应为 2～3mm，超出该距离应对接近开关或感应铁片的安装位置进行调节。

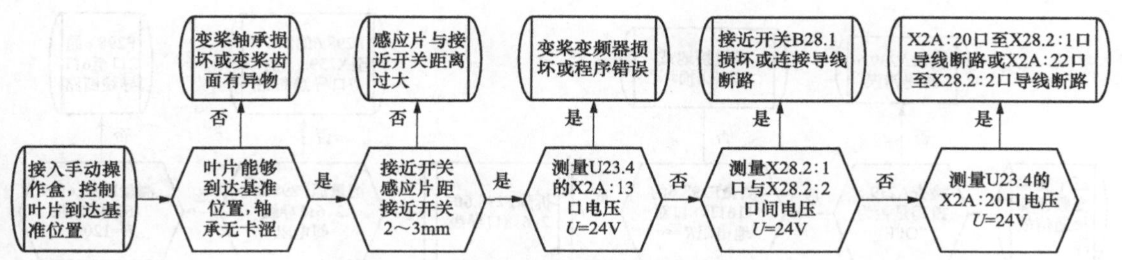

图 8-17 变桨感应开关 PitErr30002 故障处理逻辑导图

五、变桨通信故障 PitErr65535

(一) 故障原因

变桨变频器与 PLC 之间 CAN 通信中断。若通过三个变频器的通信故障可复位，但轮毂旋转时，通信故障触发且三个变桨变频器通信故障随机触发，则集电环损坏的可能性非常大。单报某个变桨变频器通信故障，且不可复位，多为通信拨码设置错误、变频器损坏或程序错误。

(二) 处理方法

1. 电控回路检查

(1) 模块 A239.5：模块上通信拨码全部拨到“OFF”位置；

(2) 通信插头 X239.7.1：插头 2 口与 7 口间电阻为 120Ω；

(3) 浪涌 F298.6：将浪涌 F298.6 的 1、2 口导线，5、6 口导线，7、8 口导线分别短接，若通信恢复正常，则浪涌 F298.6 损坏；

(4) 除 X43.7 通信拨码处于“ON”位置，接入 120Ω 通信截止电阻，其余均处于“OFF”位置（见图 8-18）。

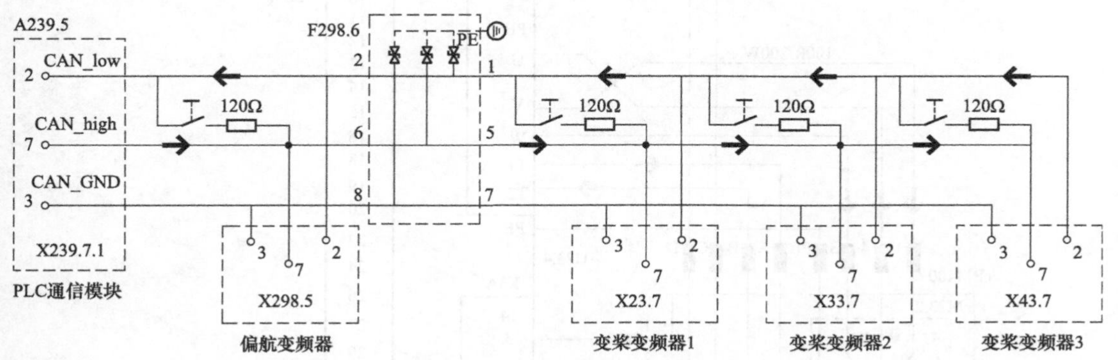

图 8-18 CAN 通信回路电路

2. 故障处理

检查通信模块设置是否正常，使用万用表检查变桨通信回路通断和线路阻值是否正常。具体检查方法和步骤如图 8-19 所示。

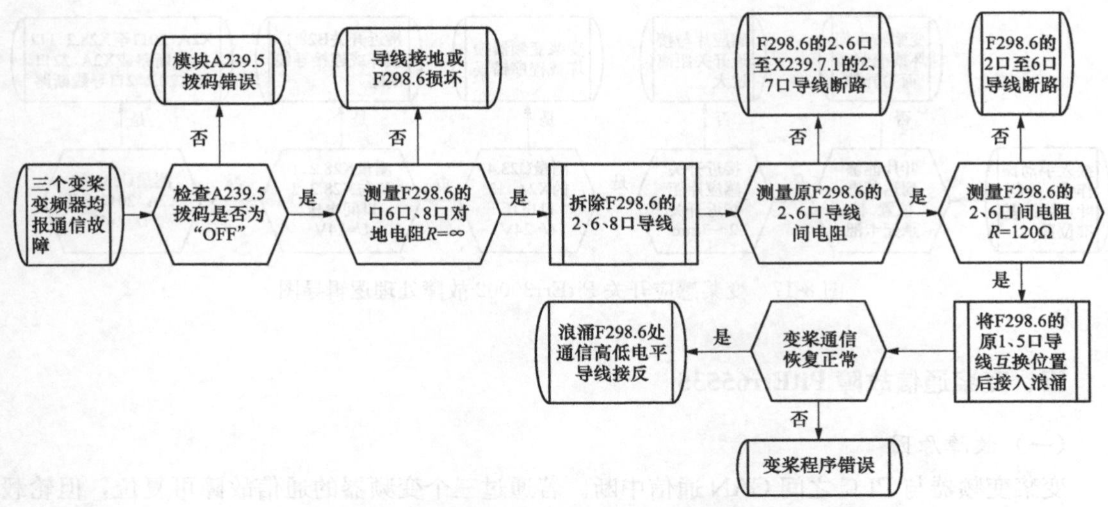

图 8-19　变桨通信 PitErr65535 故障处理逻辑导图

六、变桨电机过热故障 PitErr20009

（一）故障原因

变桨变频器监测到变桨电机过热（见图 8-20）。

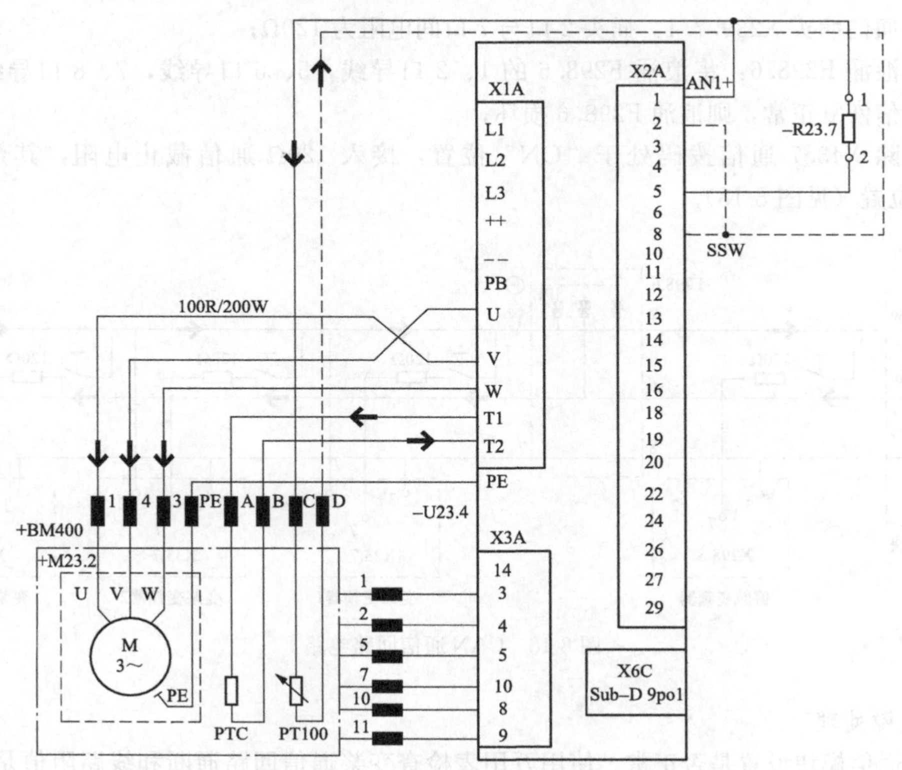

图 8-20　变桨电机供电电路

（二）处理方法

变桨电机温度高故障触发后，可在锁定叶轮锁，关闭主轴刹车的情况下进入轮毂，使用手掌感知或红外测温枪测量等方法，确定变桨电机是否真实存在高温问题（见图 8-21）。

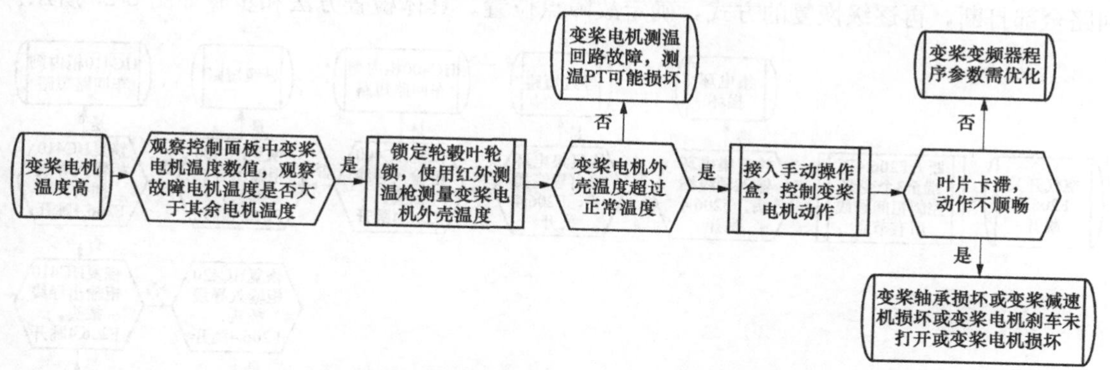

图 8-21　变桨电机过热 PitErr20009 故障处理逻辑导图

七、变桨刹车 230V 熔断器

（一）原因分析

变桨刹车供电空开 F206.4 跳开，其辅助触点断路，导致 PLC 模块 A241.1 的 10 口直流 24V 电压信号丢失，故障触发。空开 F206.4 跳开，多为变桨刹车整流桥和集电环损坏导致。

（二）处理方法

1. 电控回路检查（以变桨 1 控制柜为例）

(1) 供电回路：

1) 整流桥 T26.3 两个交流输入端口间电阻为无穷大，对地电阻为无穷大；

2) 变桨电机刹车闸瓦内阻为 600Ω。

(2) 反馈回路：空开 F206.4 的状态监测反馈触点 13 口常有直流 24V，空开闭合后 13 与 14 口导通，PLC 模块 A241.1 的 10 口带电（见图 8-22）。

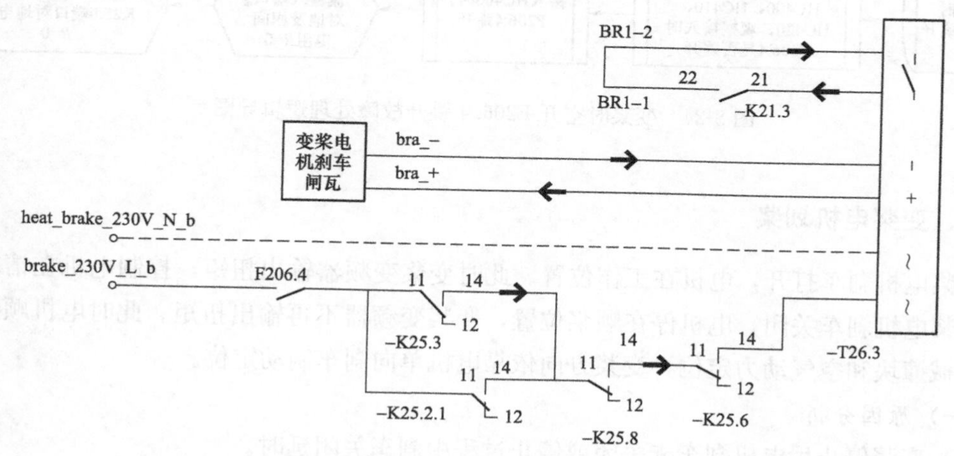

图 8-22　变桨刹车整流桥供电电路

2. 故障处理

(1) 静态时空开 F206.4 跳开。

静态时空开 F206.4 跳开且不可复位，通常为空开下端回路存在短路点，可将空开下端回路全部打断，再逐级恢复的方式，确定故障点位置。具体检查方法和步骤如图 8-23 所示。

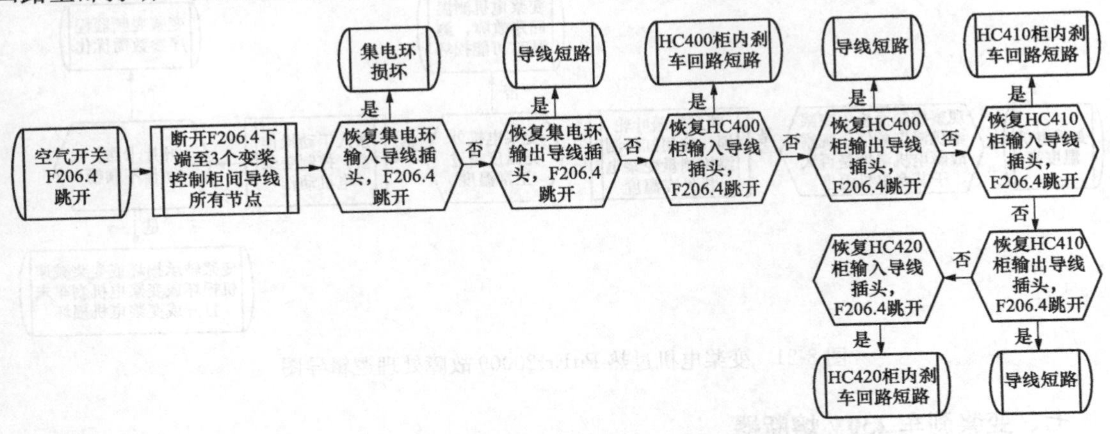

图 8-23 静态时空开 F206.4 跳开故障处理逻辑导图

(2) 变桨时空开 F206.4 跳开。

该故障在进行变桨动作时产生，多为变桨控制柜内变桨刹车供电回路存在短路点，可利用手动变桨操作盒分别接入变桨控制柜，观察 F206.4 动作状态的方法，确定故障点位置。具体检查方法和步骤如图 8-24 所示。

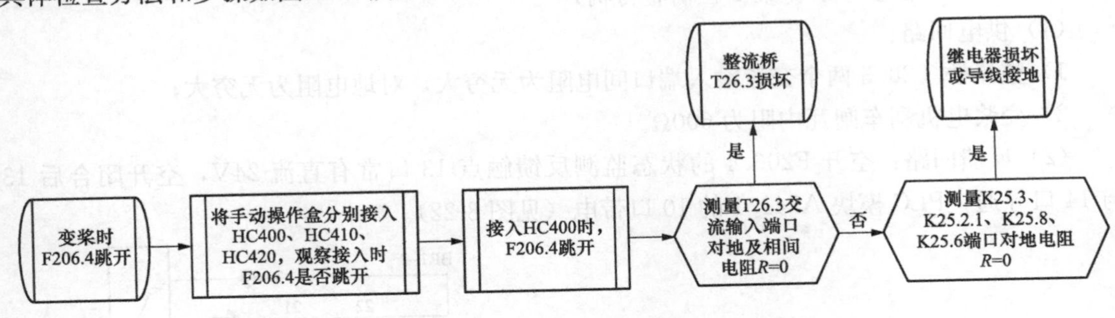

图 8-24 变桨时空开 F206.4 跳开故障处理逻辑导图

八、变桨电机划桨

变桨电机刹车打开，电机在工作位置。此时变桨变频器输出扭矩，控制电机在请求的角度。变桨电机刹车关闭，电机停在顺桨位置，变桨变频器不再输出扭矩。此时电机顺桨方向依靠机械撞块和空气动力定位，变桨方向依靠电机单向刹车制动定位。

(一) 原因分析

(1) 变桨停止后电机刹车未关闭或停止过程中刹车关闭延时。

(2) 软件中停止扭矩设置错误，叶片停止时距离机械撞块较远；变桨停止过程中电机刹

车关闭与变频器输出关闭时差设置不合适。

（3）变桨电机自身刹车制动扭矩不够。

（二）处理办法

该故障原因多为变桨刹车系统故障所导致，变桨刹车动作延时或变桨电机制动闸瓦损坏都会导致该故障产生。此外变桨变频器程序中变桨参数设置不合理也会导致该故障产生。具体检查方法和步骤如图 8-25 所示。

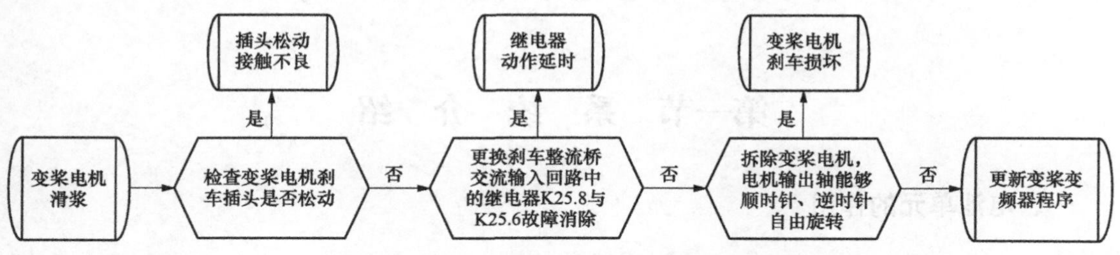

图 8-25　变桨电机划浆故障处理逻辑导图

第九章 电池系统—Battery

第一节 系 统 介 绍

一、电池单元的作用

电池系统是风力发电机组的后备电源。当发生电网故障造成供电中断时，由电池系统继续为控制系统和变桨系统提供电源，保证风力发电机组的顺桨停机。

二、电池系统组成

电池系统主要包括充放电回路、电压检测回路、电池组和加热回路等部分，其中充放电回路和电压检测回路等位于机舱控制柜 NCC310 内，电池组和加热回路位于发电机尾部 BAT300 柜内。

三、电池系统工作原理

（一）电池柜温度检测与加热逻辑

电池柜设备及加热逻辑信息见表 9-1。

表 9-1 电池柜设备及加热逻辑信息表

设备	代号/规格	控制逻辑
电池柜温度检测	R10.6 PT100	电池柜温度小于 15℃且环境温度小于 15℃，电池柜加热开启。 电池柜温度高于 20℃或者环境温度高于 20℃，电池柜加热关闭
电池柜加热器	E10.4u 300W	

（二）电池电压检测

电池电源检查信息见表 9-2。

表 9-2 电池电源检查信息表

设备	代号/规格	计算方法
电池电压检测	A214.4_EW6.05 0～20mA	电池电压检测模块：0～100mA=0～100V。 通过电阻串联分压计算，得出电池电压。

（三）电池充放电、电池测试及基本状态

1. 电池上下限（基于温度补偿）

电池电压下限参数：电池下限电压=350−(电池柜温度/2)。

电池电压上限参数：电池上限电压=410-(电池柜温度/2)。

2. 电池故障状态

电池故障状态条件：

(1) 电池测试失败；

(2) 电池电压过低故障；

(3) 电池电压过高故障；

(4) 电池在 Ready 时电压太低故障。

机组复位且上述电池故障都解决，则退出电池故障状态，进入电池自检状态。

3. 电池掉电与断开状态

基本功能：如果电网掉电，则延续一段时间后，断开电池系统外部连接，以保护电池，防止过放电。

(1) 电池检测掉电判断：

1) 400V 检测异常；

2) 变桨变频器母线电压低；

3) F200.2 断开；

4) K210.2 断开；

5) F134.6 断开。

(2) 电池检测断电后：

持续时间超过 5min，或者 1min 且电池电压低于 315V，则控制电池断开外部连接：通过控制 K257.3，使得常闭触点断开，使带电池放电接触器 K210.5 断开。如果电池检测电网恢复，则闭合电池放电接触器 K210.5。

(3) 电池接地故障判断：

变桨通信正常情况下，变桨电池高于 650V，延时 10s 则判定电池接地故障。

4. 电池测试

基本功能：接入测试负载电阻，如果电池放电过快，电压下降过大，则认为电池损耗严重，电池测试失败。

(1) 小负载测试：闭合电池测试接触器 K212.2。测试时间 5s，如果电池电压降低超过 5V，则充电后重新开始测试；如果电池电压降低小于 5V，则进入下一步。

(2) 大负载测试：闭合电池测试接触器 K212.2，闭合充电接触器 K212.6.1。测试时间 5s，如果电池电压降低超过 40V，则重新充电后重新开始测试；如果电池电压降低小于 40V，则进入下一步。

(3) 再次小负载测试：闭合电池测试接触器 K212.2。测试时间 5s，如果电池电压降低超过 5V，则重新充电后重新开始测试；如果电池电压降低小于 5V，则进入下一步。

(4) 如果几次测试后电池电压低于电池下限电压-15V，则重新开始电池测试；如果大于电池下限电压-15V，则进入电池充电状态。

5. 电池充电状态

基本功能：电池充电分快充和慢充两个模式，先小电阻大电流快充，再大电阻小电流慢充。

(1) 快充(闭合 K212.4，K212.6.1)：如果电池电压低于电池上限电压，进入快充状态；如果电池高于电池上限电压，则进入慢充状态。

(2) 慢充(闭合 K212.4)：如果电池电压高于电池上限电压+5V，则进入电池 Ready 备用状态。

6. 电池 Ready 备用状态

基本功能：电池在 Ready 备用状态，机组才允许起机并网。

电池进入 Ready 状态 24h 后，回到充电状态，电池进入 Ready 状态 1h 后，如果电池电压低于电池下限电压，回到充电状态。

第二节 电 控 原 理

一、原理介绍

(一) 电池充电及测试控制

电池充电过程中，各个接触器动作情况：

(1) S3 快速充电：k212.4、k212.6 吸合；

(2) S4 电池测试：k212.4、k212.6 打开→k212.2 吸合→k212.2、k212.6 吸合→k212.6、k212.2 打开；

(3) S5 慢速充电：k212.4、k212.6 吸合→k212.6 打开；

(4) S6 电池稳定：k212.4 打开(见图 9-1)。

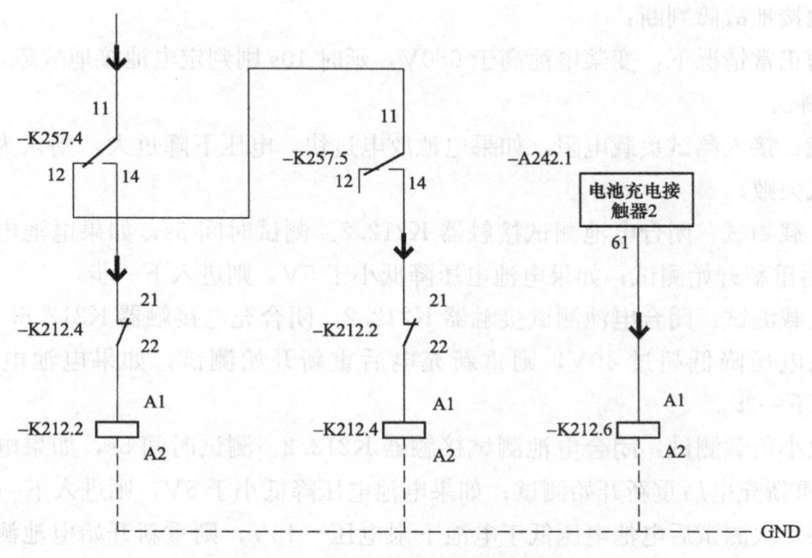

图 9-1 电池充电及测试控制电路

图 9-2 中黑色箭头为电池快速充电电流流向图；白色箭头为电池慢速充电电流流向图。

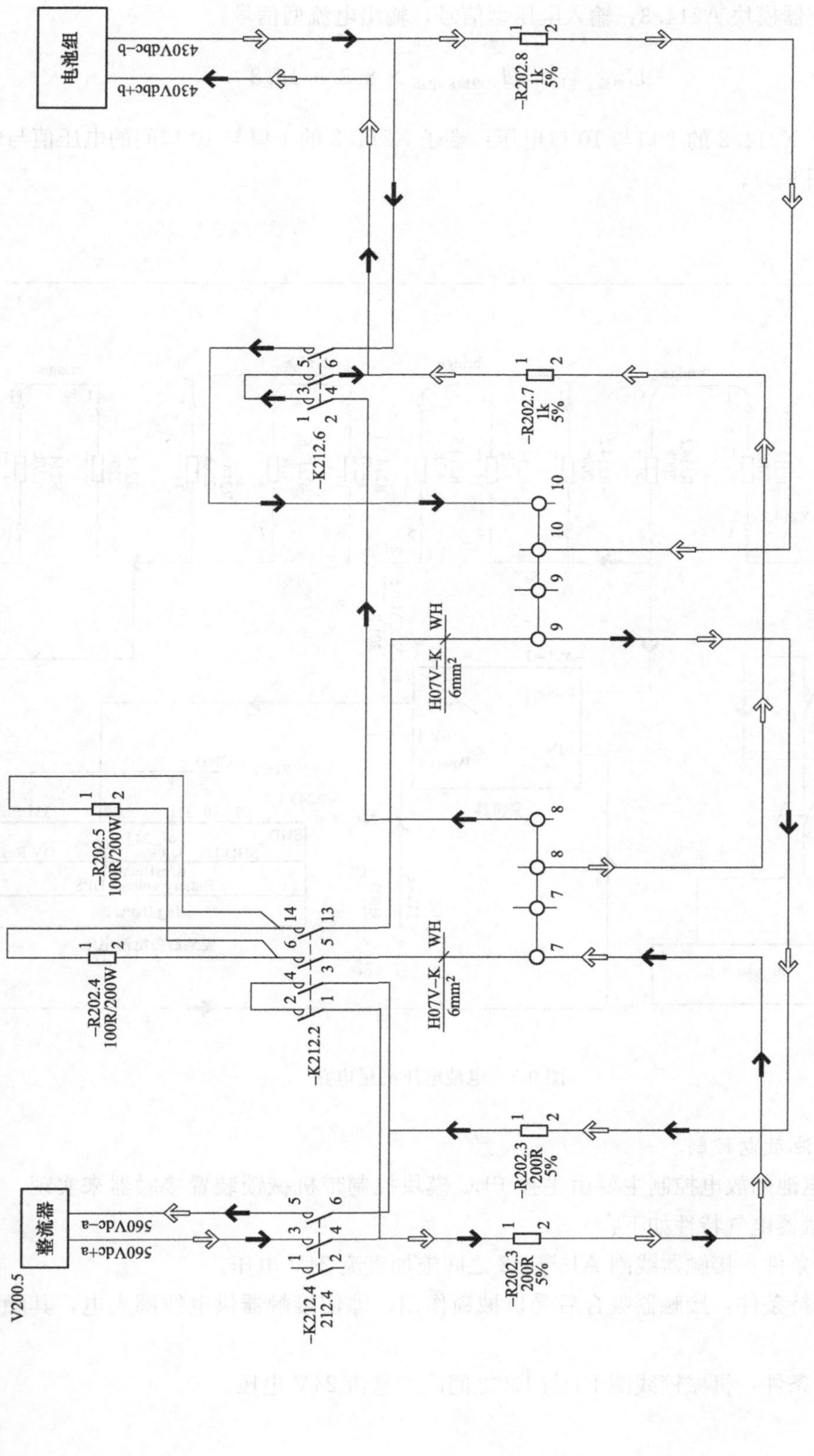

图 9-2 变桨后备电源电池充电及测试电路

（二）电池电压测量

（1）变流器模块 A214.3：输入电压型信号，输出电流型信号。

$$U_{电池总电压}=U_{电池检测电压}\times 898.8/18.8 \tag{9-1}$$

（2）端子 X214.2 的 1 口与 10 口电压：端子 X214.2 的 1 口与 10 口间的电压值与电池电压相等（见图 9-3）。

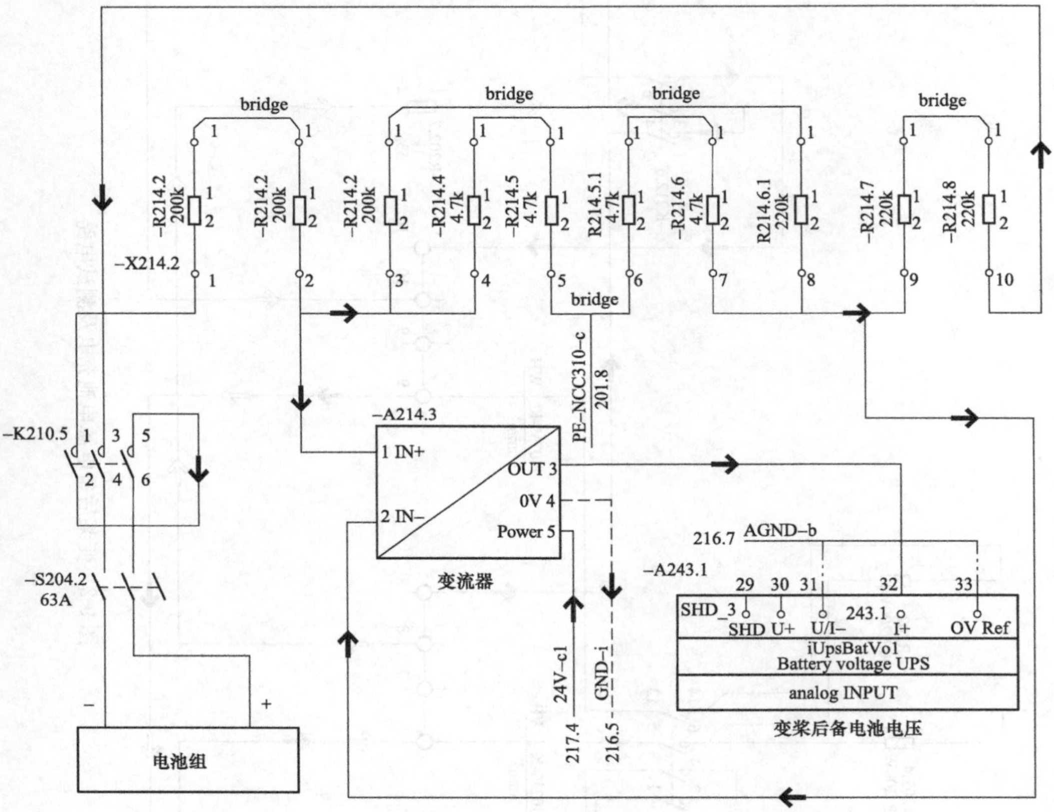

图 9-3　电池电压测量电路

（三）电池放电控制

（1）蓄电池的放电控制主要由主控 PLC 模块控制带机械锁装置接触器来实现，带机械锁装置的接触器电气特性如下：

1）吸合条件：接触器线圈 A1 与 A2 之间施加直流 24V 电压。

2）自保持条件：接触器吸合后受机械锁作用，即使接触器供电线圈失电，其触点仍保持闭合。

3）断开条件：机械锁线圈 E1 与 E2 之间施加直流 24V 电压。

（2）电池放电控制过程：

1）电网正常时，系统送电后接触器 K210.5 线圈带电，控制其主触点闭合，将蓄电池与整个系统连接，同时其常开辅助触点 13 口与 14 口闭合。

2）电网掉电瞬间，接触器 K210.5 受机械锁作用其主触点保持吸合，蓄电池为变桨系统提供电源，完成顺桨动作。电网掉电 5min 后，主控 PLC 模块 A242.1 的 58 口向继电器 K257.3 的供电线圈输出直流 24V，控制其常开触点 11 口与 14 口吸合，使机械锁的 E1、E2 线圈带电动作，解除接触器锁死设置，接触器主触点及辅助触点弹开。将蓄电池与整个系统脱离（见图 9-4）。

图 9-4　电池掉电接触器实物及供电电路

二、电控电路

在电网正常时，整流器 V200.5 输入端线电压为交流 380V，输出端电压为直流 550V。整流桥 V200.7 输入端电压与蓄电池电压相等，正常在直流 370～390V 之间，输出端电压与整流桥 V200.5 输出端电压相等为直流 550V，输入端电压高于输出端电压，此时整流桥 V200.7 不工作，没有电流从其内部流过。

电网掉电时，整流桥 V200.5 输入端线电压为交流 0V，输出端电压等于整流桥 V200.7 输入端电压，等于蓄电池电压，输出端电压高于输入端电压，此时整流桥 V200.5 不工作，整流桥 V200.7 正常工作，其输入与输出端均为直流电，电压数值与蓄电池电压值相等。

图 9-5 中黑色箭头为电网正常状态下，系统电流走向，白色箭头为电网掉电状态下，电池为变桨电机提供电源的电流走向。

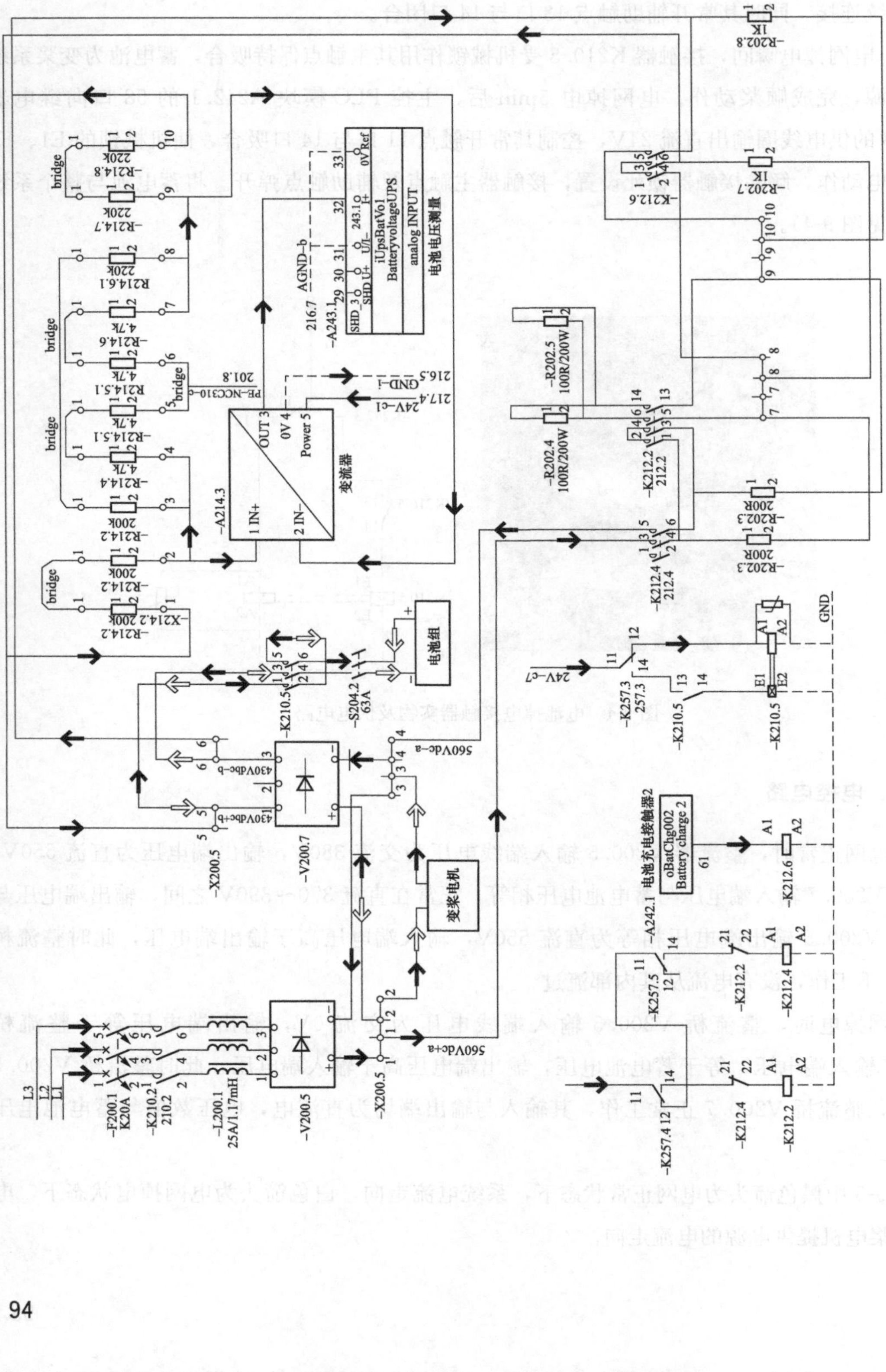

图 9-5　变桨后备电源系统电路图

第三节 典型故障处理

一、电池电压低或无连接

1. 原因分析

主控 PLC 模块 A243.1 的 32 口测量电池电压低于 110V，或者电池电压低于 330V 持续 10s。

2. 处理方法

使用万用表测量电池电压检查回路各个节点电压是否正常，确定故障原因。具体检查方法和步骤如图 9-6 所示。

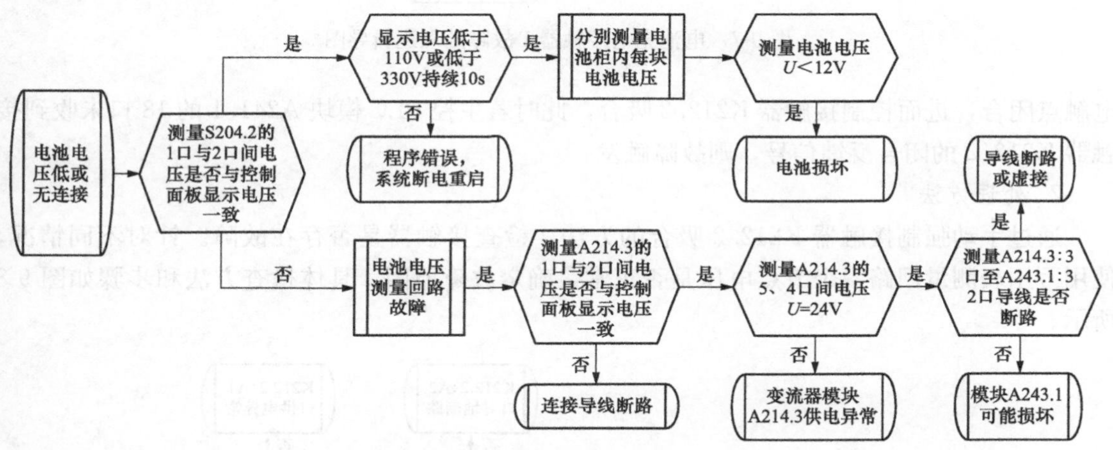

图 9-6 电池电压低或无连接故障处理逻辑导图

二、电池充电接触器 1 故障

1. 原因分析

主控 PLC 模块 A242.1 的 60 口发出直流 24V 信号到继电器 K257.5 的 A1 口，使线圈带电触点闭合，进而控制接触器 K212.4 吸合，此时若主控 PLC 模块 A241.1 的 19 口未收到接触器 K212.4 的闭合反馈信号，则故障触发。

2. 处理方法

通过手动强制接触器 K212.4 吸合的方法，检查接触器是否存在故障。针对不同情况，使用万用表测量回路各个节点电压是否正常，确定故障原因。具体检查方法和步骤如图 9-7 所示。

三、电池测试接触器故障

1. 原因分析

主控 PLC 模块 A242.1 的 59 口发出直流 24V 信号到继电器 K257.4 的 A1 口，使线圈带

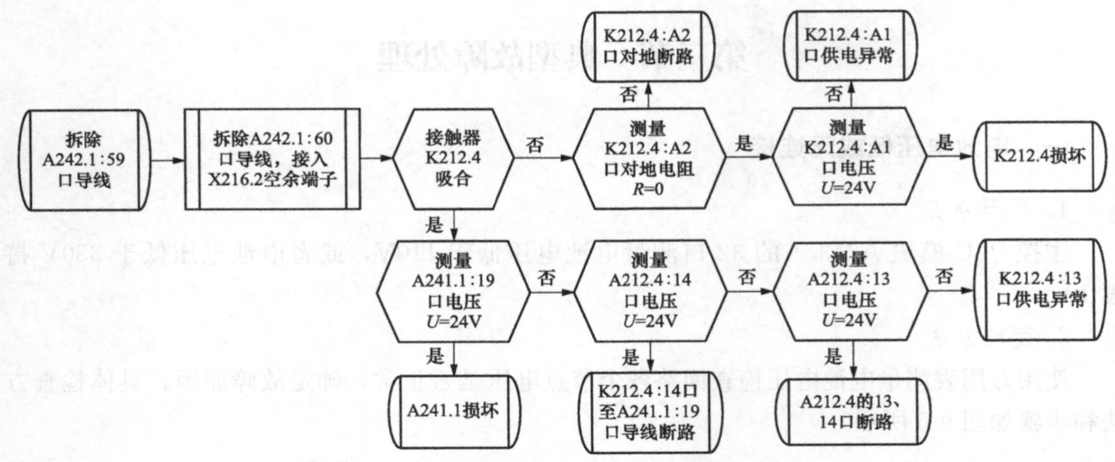

图 9-7　电池充电接触器 1 故障处理逻辑导图

电触点闭合，进而控制接触器 K212. 2 吸合，此时若主控 PLC 模块 A241. 1 的 18 口未收到接触器 K212. 2 的闭合反馈信号，则故障触发。

2. 处理方法

通过手动强制接触器 K212. 2 吸合的方法，检查接触器是否存在故障。针对不同情况，使用万用表测量回路各个节点电压是否正常，确定故障原因。具体检查方法和步骤如图 9-8 所示。

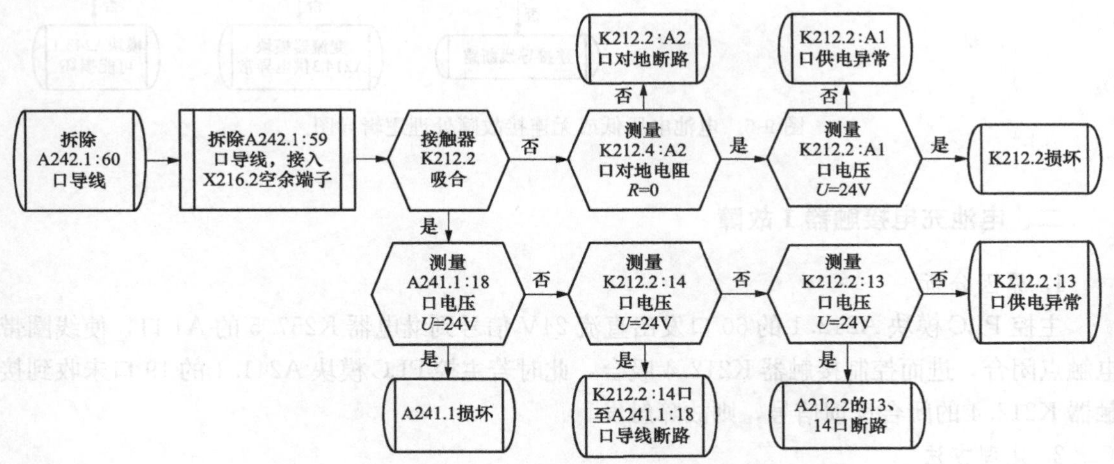

图 9-8　电池测试接触器故障处理逻辑导图

四、电池放电接触器故障

1. 原因分析

接触器 K210. 5 吸合后，主控 PLC 模块 A241. 1 的 17 口未收到接触器 K210. 5 的闭合反馈信号，则故障触发。

2. 处理方法

观察故障发生时接触器 K210.5 的动作状态，根据动作状态的不同，使用万用表测量回路中各节点电压是否正常，确定故障点。具体检查方法和步骤如图 9-9 所示。

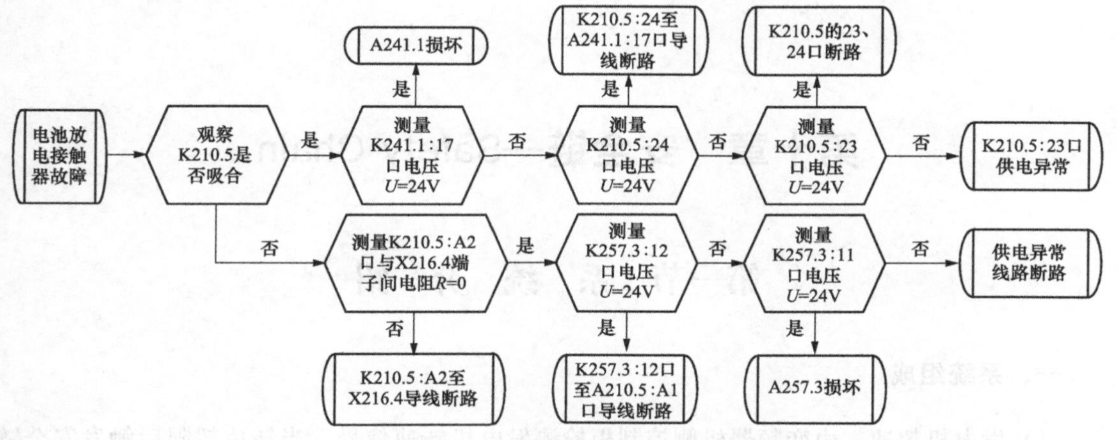

图 9-9　电池放电接触器故障处理逻辑导图

五、电池测试 3 次失败

1. 原因分析

电池测试过程中电池电压降低超出限定值，导致测试失败，重复测试三次均失败后，故障产生。

2. 处理方法

电池测试时注意观察电池电压的数值变化，若电池电压过低，则需对电池本体进行检查，若电池电压变化不大，则需对电池检测回路的电阻和线路进行检查。具体检查方法和步骤如图 9-10 所示。

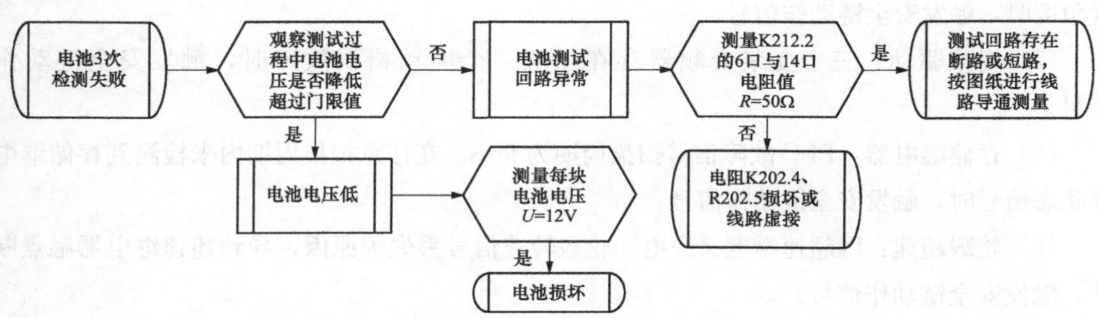

图 9-10　电池测试 3 次失败故障处理逻辑导图

第十章　安全链—Safety Chain

第一节　系　统　介　绍

一、系统组成

（1）发电机超速：由变频器机侧控制板检测发电机转速信号，当转速超限后触发安全链动作信号。

（2）叶轮超速：叶轮转速超出超速继电器设定值，导致超速继电器触点断开，触发安全链动作信号。

（3）振动开关：由安装于发电机底座的摆锤式振动开关检测风机振动信号，当机组振动超限时，触发安全链动作信号。

（4）看门狗：检测通信是否正常，当PLC、变频器、数据模块之间出现通信故障时，触发安全链动作信号。

（5）制动器位置：当检测制动器异常关闭时，触发安全链动作信号。

（6）工作位置：限位开关安装在变桨轴承侧面－6°位置。当检测到变桨角度超过工作位置角度时，触发安全链动作信号。

（7）变桨驱动：三个变桨变频器存在任意一个驱动错误故障时，触发安全链动作信号。

（8）存储继电器：PLC故障信号扫描周期为5ms。在任意扫描周期内未检测到存储继电器状态信号时，触发安全链动作信号。

（9）轮毂超速：因超速继电器失电、轮毂转速信号丢失等原因，导致超速继电器触点断开，触发安全链动作信号。

（10）三个桨叶故障：变桨变频器故障，触发安全链动作信号。

二、系统作用

风机各个系统或元件运行和使用状态监测，当其发生故障时，机组故障停机，保证机组设备安全。

第二节 电 控 原 理

一、原理介绍

将风机各个系统的工作状态反馈到开关型器件，所有的开关型器件以串联的方式进行连接，形成链式结构。当某个系统或元件出现故障时，与其对应的开关型器件动作，使得主控 PLC 的检测端口失电，触发主控系统安全报警，机组进行安全停机，保证风机设备安全。

二、电控电路

机组共 12 级安全链，起始于 NCC310 电控柜熔断器 F230.6，终止于三个变桨电控柜内的继电器 F25.2、F25.2.1、F35.2、F35.2.1、F45.2、F45.2.1（见图 10-1）。

第三节 典型故障处理

一、熔断器 F230.6 损坏

1. 原因分析

（1）熔断器规格低于标准规格，现使用熔断器多为 5A；

（2）雷雨天气，回路中出现电涌，烧毁熔断器；

（3）熔断器下端回路存在接地点，回路中出现过流。

2. 处理方法

为快速找到故障点，可先对回路中的关键节点进行绝缘检查，以便快速圈定故障点范围。该回路中的关键节点为浪涌 F238.2 的 1、3、7 口和浪涌 F238.6 的 5、7 口。具体检查方法和步骤如图 10-2 所示。

二、叶片超出工作位置

1. 原因分析

叶片限位开关被触发，常闭触点断开，主控 PLC 模块 A240.1 的 21 口失电。在小风天气，叶片角度接近 0°时，该故障触发，多为变桨减速机减速比参数配置错误，正常情况下卓伦变桨减速机对应减速比参数应设定为 1032，非卓伦变桨减速机对应减速比参数应设定为 1085。变桨减速机减速比参数设置错误，会出现叶片显示角度大于实际角度的情况。

2. 处理方法

通过关闭主轴刹车制动器，短接刹车状态的方法，实现安全链回路处于导通状态。使用万用表测量叶片限位开关检测回路各节点电压是否正常，确定故障点位置。具体检查方法和步骤如图 10-3 所示。

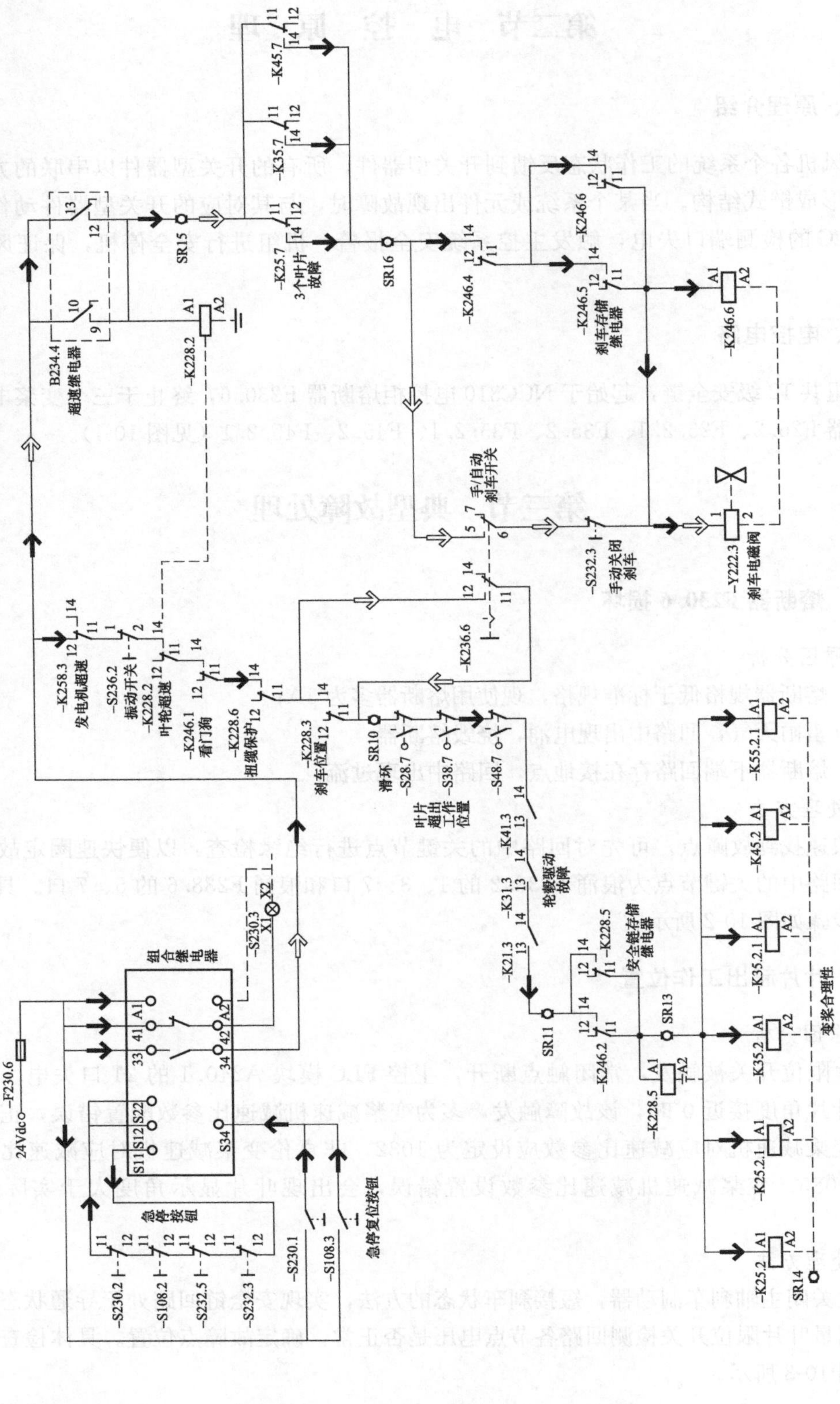

图 10-1　安全链供电电路

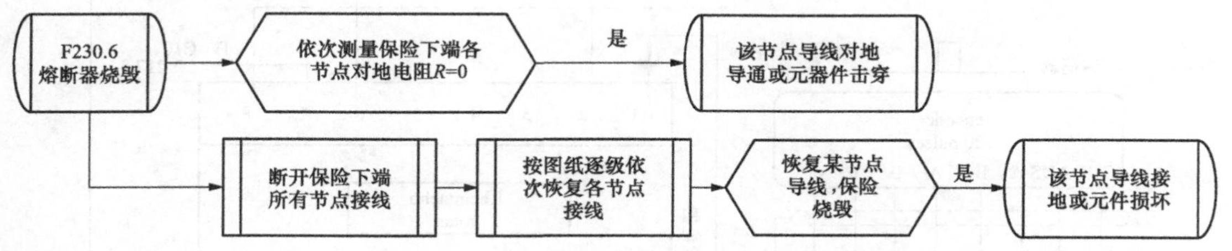

图 10-2　熔断器 F230.6 损坏故障处理逻辑导图

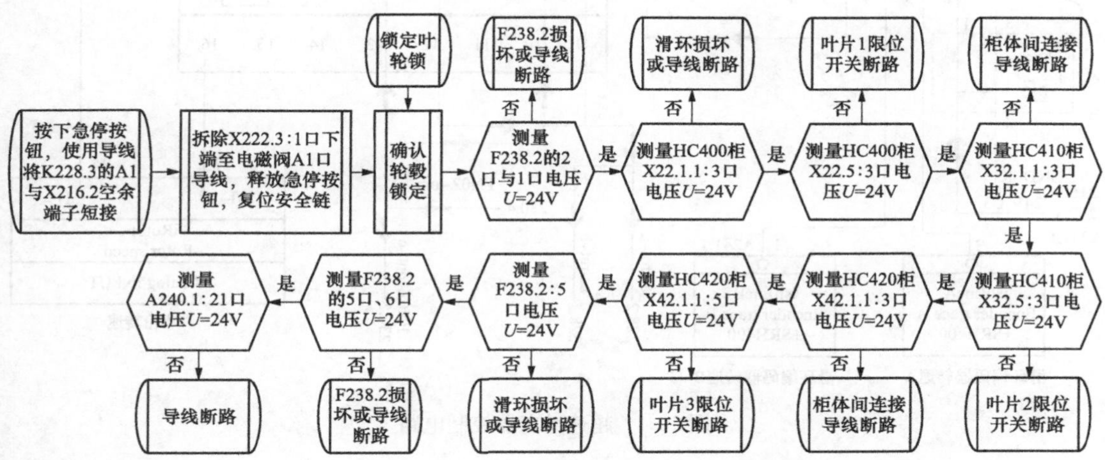

图 10-3　叶片超出工作位置故障处理逻辑导图

三、叶轮超速

1. 原因分析

叶轮转速超过超速继电器设定的极限转速（77 叶片对应超速限值为 1940r/min）时，超速继电器 B234.4 开关触点不闭合，使继电器 K228.2 线圈失电，触点断开，导致主控 PLC 模块 A240.1 的 17 口直流 24V 数字信号失去，故障触发（见图 10-4）。

(1) 变桨减速机减速比参数配置错误。

在大风天气，叶片角度接近 0°时，该故障触发，变桨减速机减速比参数配置错误，正常情况下卓伦变桨减速机对应减速比参数应设定为 1032，非卓伦变桨减速机对应减速比参数应设定为 1085。变桨减速机减速比参数设置错误，有可能会出现叶片显示角度大于实际角度的情况。

(2) 集电环安装不牢固。

集电环安装固定底座螺栓松动，或支撑杆松动，导致叶轮转动时集电环本体转动速度出现突变。

(3) 集电环滑道不清洁，叶轮转速突变。

集电环滑道不清洁，叶片旋转时，叶轮转速信号存在丢失。

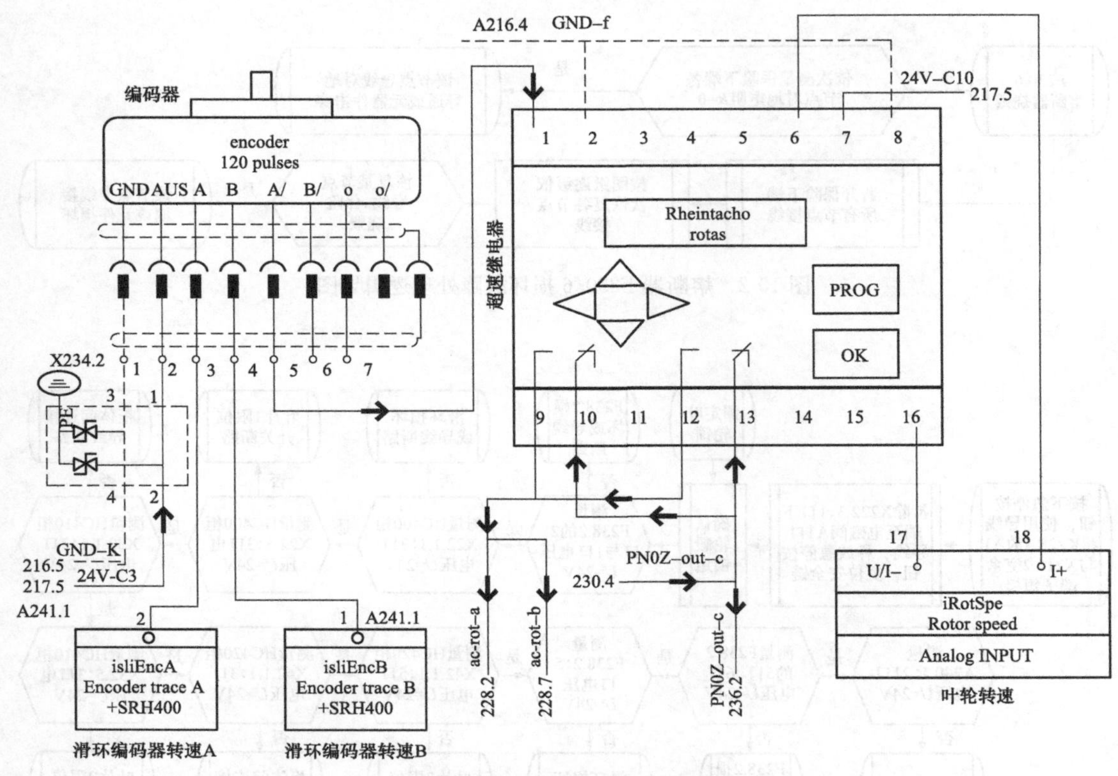

图 10-4　超速继电器控制电路

2. 处理方法

集电环损坏或安装固定不牢、超速继电器损坏或参数设置错误以及变桨减速机选型错误都会导致该故障产生。具体检查方法和步骤如图 10-5 所示。

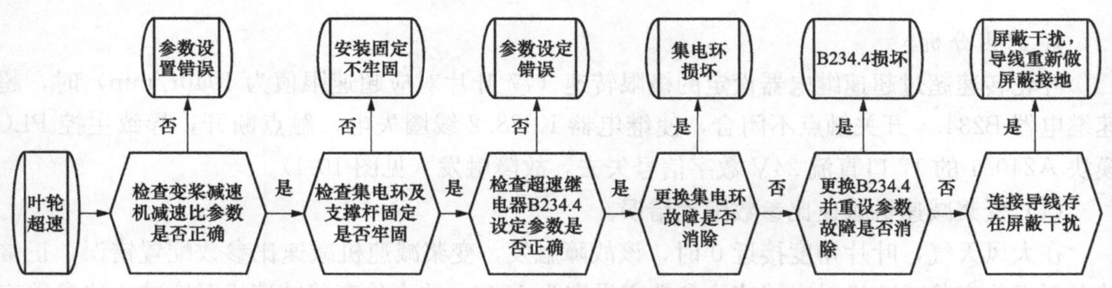

图 10-5　叶轮超速故障处理逻辑导图

四、安全链存储继电器

1. 原因分析

PLC 模块 A242.1 的 2 口输出直流 24V 脉冲信号到继电器 K246.2 的线圈，控制其常开触点闭合；使继电器 K228.5 线圈带电，常开触点闭合，回路形成自锁。此时 PLC 模块 A240.1 的 23 口常有直流 24V 信号。若模块 A240.1 的 23 口未检测到直流 24V 电压信号，则故障产生（见图 10-6）。

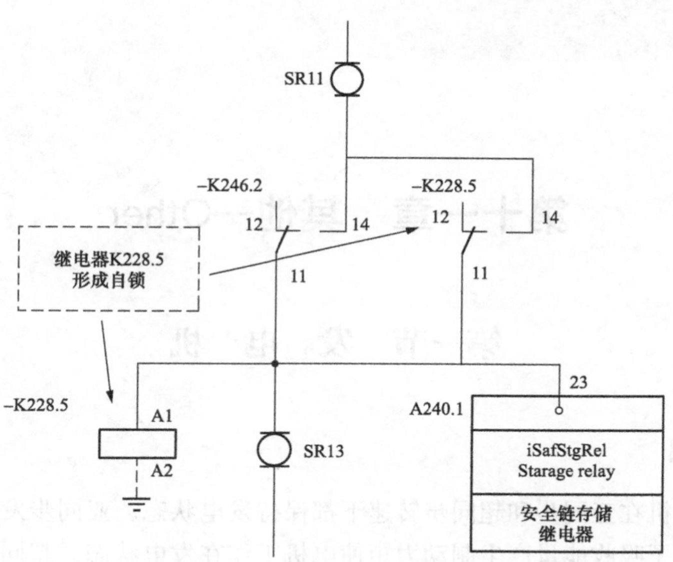

图 10-6　安全链存储继电器控制电路

2. 处理方法

该故障多与继电器 K228.5 自锁回路未形成有关，通过测量回路各节点电压是否正常，可确定故障原因。具体检查方法和步骤如图 10-7 所示。

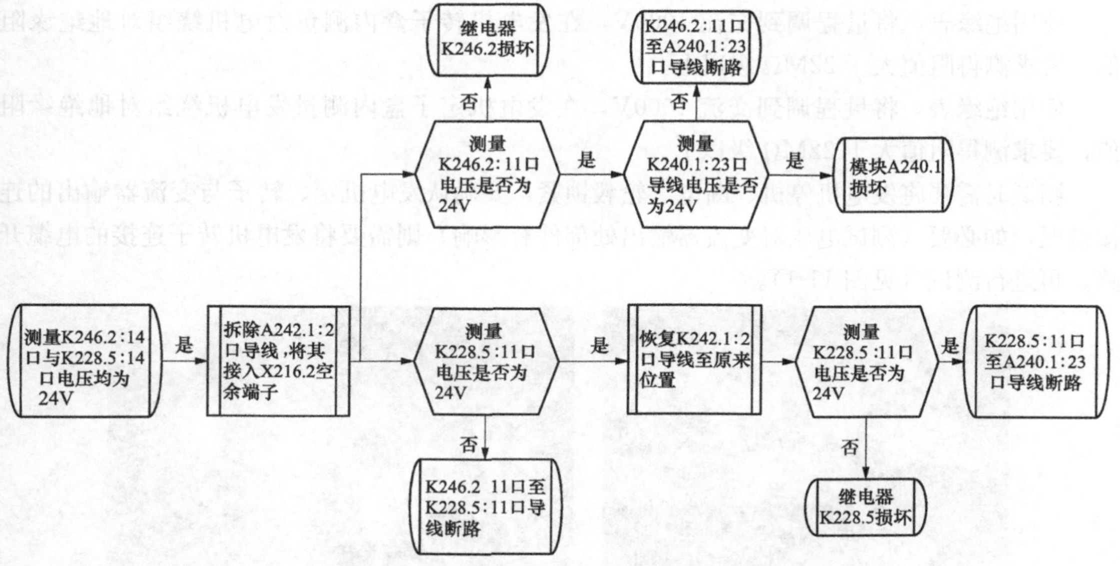

图 10-7　安全链存储继电器故障处理逻辑导图

第十一章　其他—Other

第一节　发　电　机

一、原理介绍

变频器控制电机在亚同步和超同步转速下都保持发电状态。亚同步发电时，通过定子向电网馈送能量、转子吸收能量产生制动力矩使电机工作在发电状态。超同步发电时，通过定转子两个通道同时向电网馈送能量，转速范围是1000～2000r/min，同步转速是1500r/min。定子电压等于电网电压。转子电压与转差频率、转子堵转电压成正比。

二、发电机过流故障处理

1. 绕组绝缘检测

使用绝缘表，将量程调到交流1000V，在发电机转子盒内测量发电机绕组对地绝缘阻值，要求测得阻值大于22MΩ级以上。

使用绝缘表，将量程调到交流1000V，在发电机定子盒内测量发电机绕组对地绝缘阻值，要求测得阻值大于22MΩ级以上。

测试时需要将发电机停机、断电、轮毂锁紧，要确认发电机定、转子与变流器输出的连接情况，如必要（测试电压对变流器输出处部件有影响）则需要将发电机转子连接的电缆开路，再进行测试（见图11-1）。

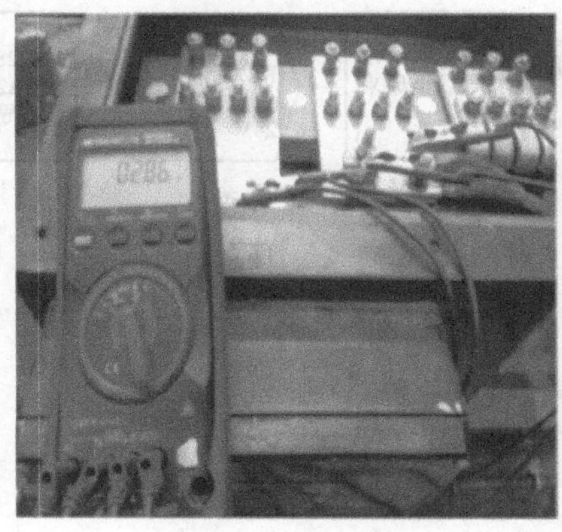

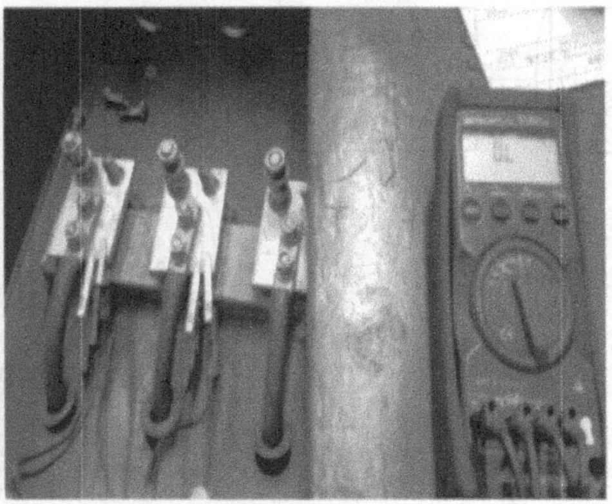

图11-1　发电机绕组绝缘测量

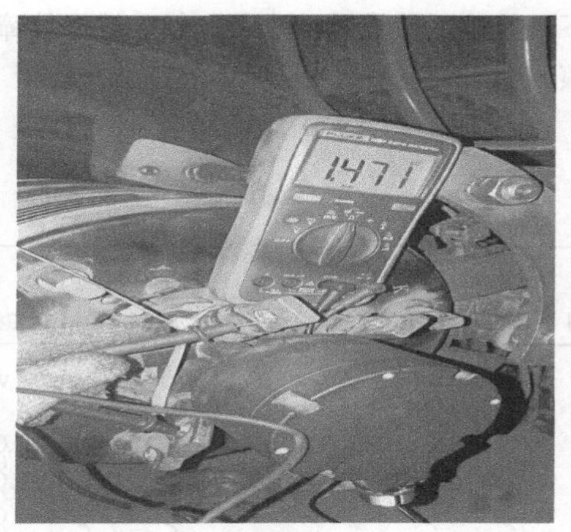

图 11-2　发电机转子绕组不平衡度测量

2. 转子侧绕组不平衡度计算

断开集电环与转子引出线的连接，使用绝缘测试仪，测量转子三相绕组间的绝缘阻值，记录阻值分别为 R_1、R_2、R_3。计算绕组 R 不平衡度，要求其小于 4%（见图 11-2）。

计算公式：

$$R_{不平衡度} = (R_{最大} - R_{最小}) \times 100\% / R_{平均} < 3\% \tag{11-1}$$

例如：测带电阻值 $R_1 = 2.16\text{m}\Omega$、$R_2 = 2.13\text{m}\Omega$、$R_3 = 2.18\text{m}\Omega$，计算不平衡度为：

$$(2.18 - 2.13) \times 100\% / [(2.16 + 2.13 + 2.18)/3] = 2.3\% < 3\%$$

3. 线缆开路

不改变相序，断开发电机绕组负责，进行变频器测试，通过是否触发故障，判断电机是否损坏。具体检查方法和步骤如图 11-3、图 11-4 所示。

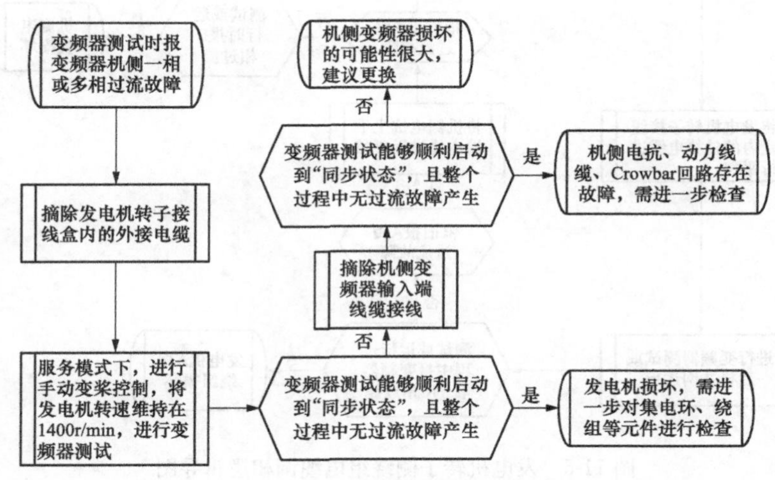

图 11-3　发电机转子侧绕组电缆开路逻辑导图

4. 平移线缆

在不改变相序的情况下，通过平移线缆，改变负载。根据故障是否转移，判断负载是否损坏。具体检查方法和步骤如图 11-5、图 11-6 所示。

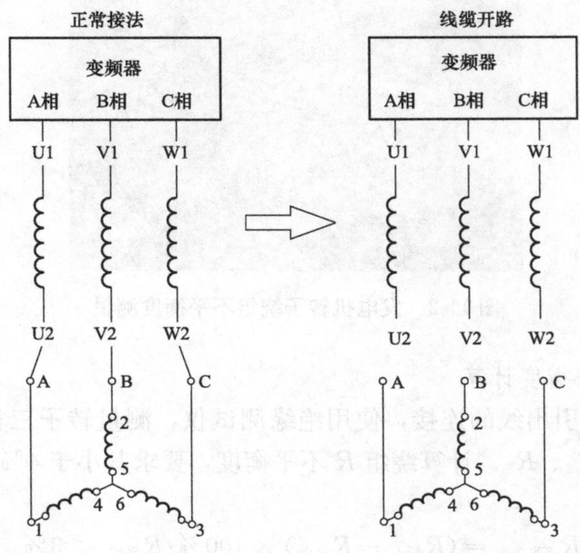

图 11-4　发电机转子侧绕组电缆开路示意图

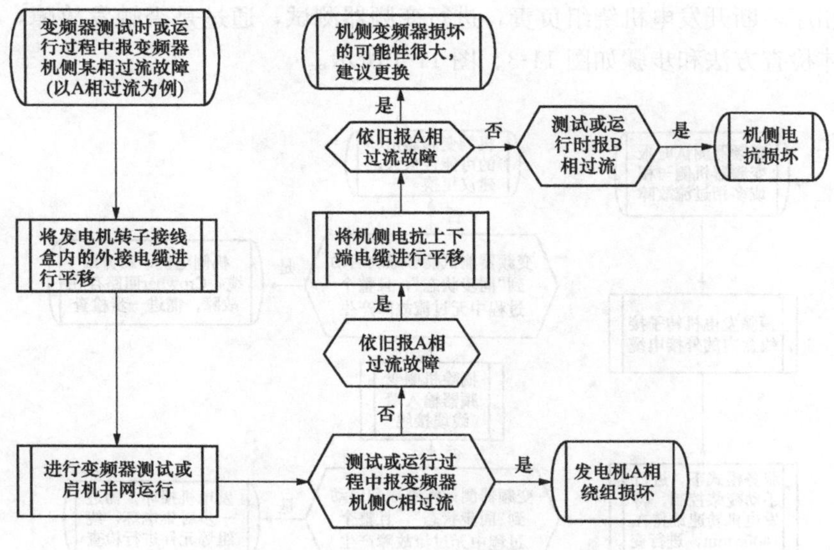

图 11-5　发电机转子侧绕组电缆调相逻辑导图

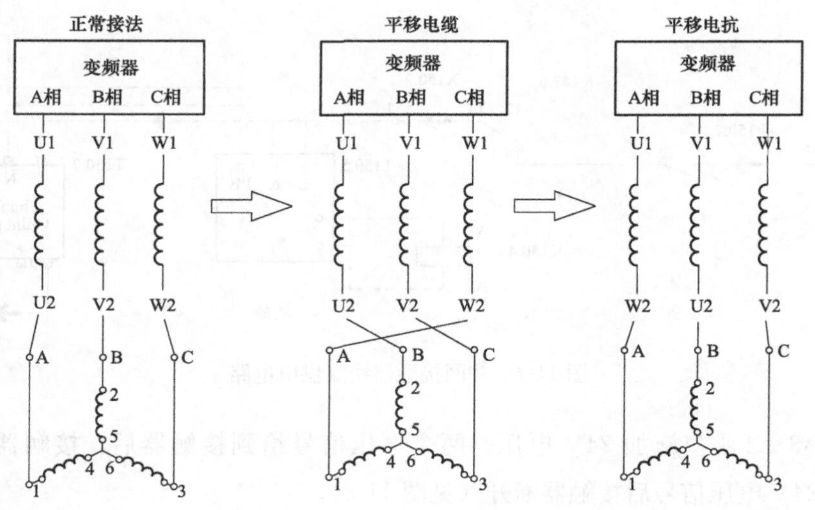

图 11-6　发电机转子侧绕组电缆调相示意图

第二节　并网开关（穆勒接触器）

一、原理介绍

1. 极低的功耗

吸合和保持功耗很低，从而降低了控制柜中产生的热量，可使用于多种规格控制柜。另外，由于使用小功率的变压器和电源，因此进一步降低了成本。

2. 启动方法

常规方法：通过 A1-A2 线圈端子。

直接从 PLC 控制：通过 A3-A4 线圈端子。

只有两种启动信号同时给到接触后，接触器主触点才会动作。

3. 多电源的线圈

四种不同的多频率、多电源线圈覆盖了广泛的电压范围：48～500V 50/60Hz 和 24～250V。

4. 真空技术

触头系统采用真空技术制造而成，使得接触器能在较小的尺寸下也达到很高的接通和分断能力，有限节约控制柜空间。

二、穆勒接触器闭合电路控制逻辑

穆勒接触器启动方式为：

(1) A1-A2 端口施加 250V 电压(见图 11-7)。

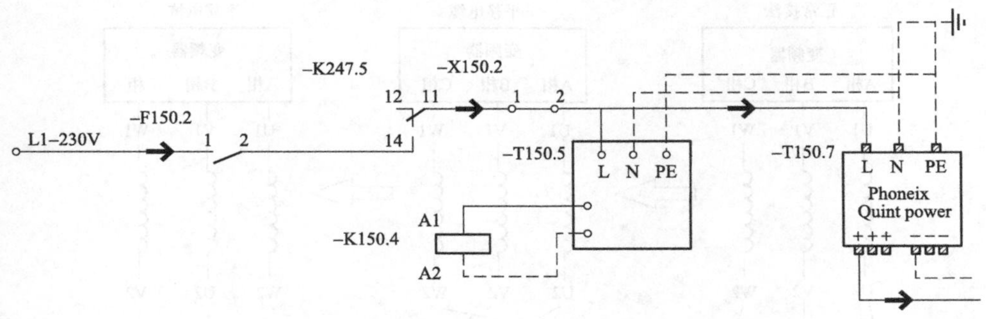

图 11-7 并网接触器线圈供电电路

(2) 在 A3-A4 端口施加 24V 电压。两个电压信号给到接触器后,接触器闭合,断开 A3-A4 口的 24V 电压信号后接触器断开(见图 11-8)。

1) 打通安全链:

风机即将并网时,继电器-K258.2 (crowbar not tripped) 和继电器-K228.2 (hub overspeed) 吸合。

2) 并网准备:

230V 交流电接入智能缓冲电源 T150.5 后,经过该电源整理后输出 250V 直流电加载到穆勒接触器的 A1-A2 口,满足穆勒接触器吸合的其中一个条件。

PLC 发出信号使继电器 K256.1(准备吸合定子断路器)吸合,在穆勒接触器未吸合前,24V 直流电通过穆勒接触器的常闭触点 21-22 端口给到继电器－K151.1 和－K151.2,使它们带电吸合。

继电器 K151.2 的线圈能够持续带电所需要的条件:①－K151.1 自锁功能;②穆勒接触器合闸前自锁回路靠常闭辅助触点 21-22 口,合闸以后通过继电器－K151.6 吸合提供 24V 直流电。

3) 并网开关的吸合过程:

当变频器检测到机侧与电网同步时,PLC 发出吸合穆勒接触器的 24V 信号到继电器－K151.6,使得其带电吸合,24V 直流电通过穆勒接触器的另外一个常闭触点给继电器－K151.5 供电,当继电器－K151.5 带电吸合后,继电器 K151.7 吸合并形成自锁,此时 24V 直流电经过自锁闭合的继电器 K151.2、K151.7 后给到穆勒接触器的 A3-A4 端口。穆勒接触器满足闭合条件,主触点执行吸合动作。常闭触点随之动作处于断开状态,继电器－K151.5 失电。

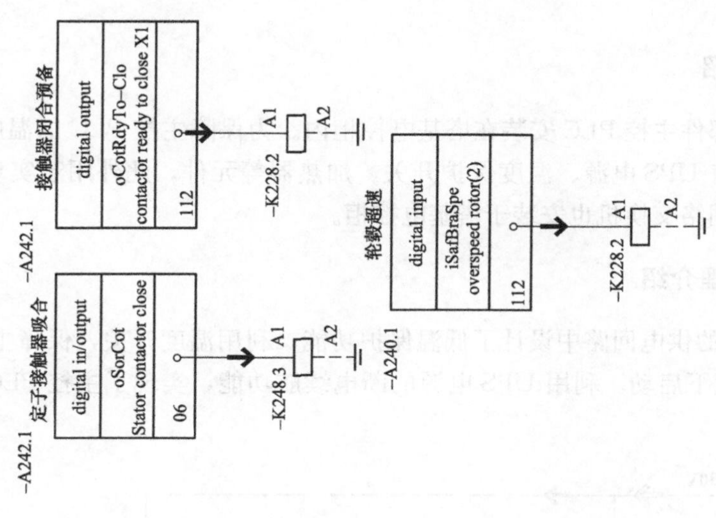

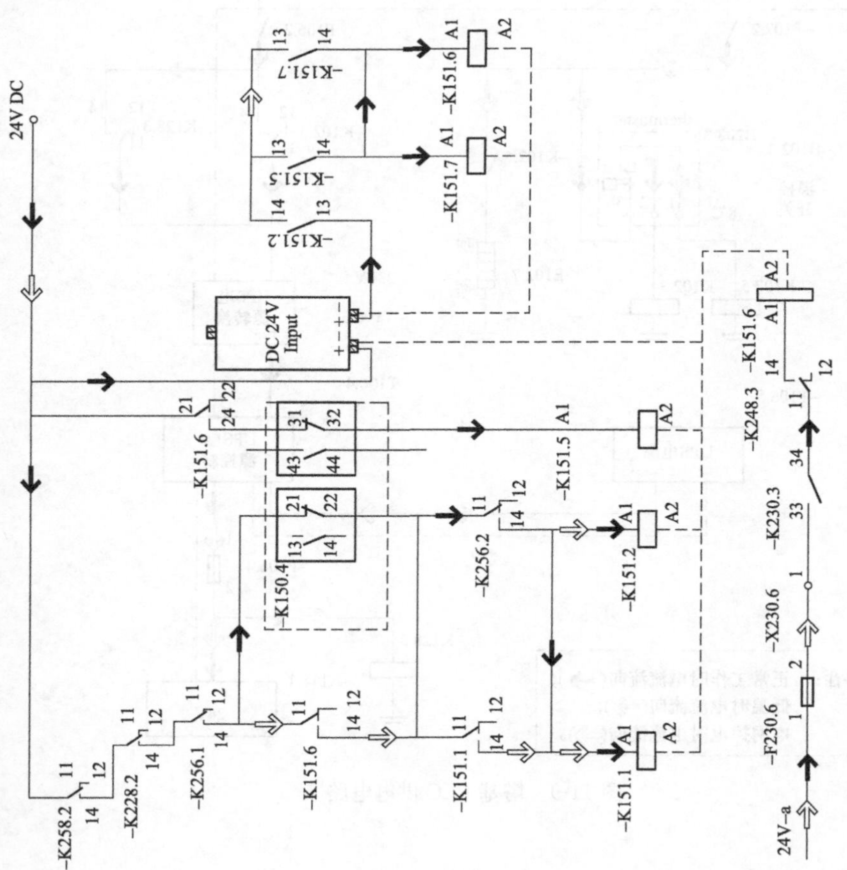

图 11-8 并网接触器供电及控制电路

第三节　塔基电控柜

一、功能介绍

风机的核心部件主控 PLC 安装在塔基电控柜内。为保障主控 PLC 的温度可靠运行，在电控柜内还配备有 UPS 电源、温度保护开关、加热器等元件。此外用于实现风机远程通信信号传输的通信网络交换机也安装于塔基电控柜。

二、电气原理介绍

在主控 PLC 的供电回路中设计了低温保护功能，利用温度开关，保障主控 PLC 不在低于 5℃的温度环境下启动。利用 UPS 电源的断电续航功能，实现了主控 PLC 的延时断电需求（见图 11-9）。

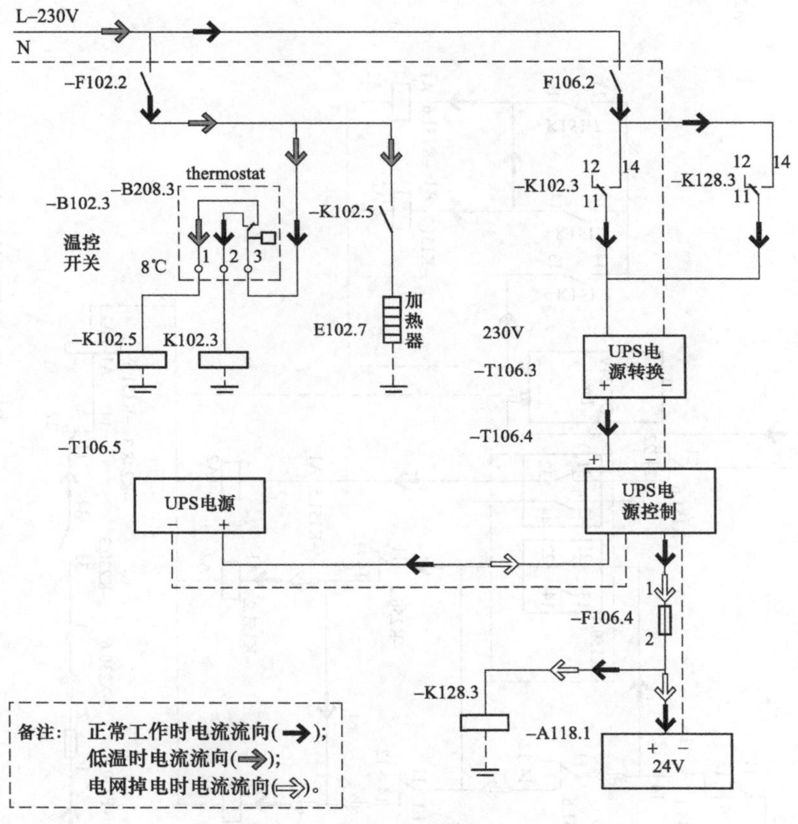

图 11-9　塔基 PLC 供电电路

附录 1 Bachmann 机组元器件图纸标号原则

附表 1-1　　Bachmann 机组元器件图纸标号原则说明

举例：U23.4、U33.4、U43.4			
图纸		安装位置	
U	器件类型	23	首数字 2 对应 HC400 变桨柜
23、33、43	图纸 23 页、33 页、43 页	33	首数字 3 对应 HC410 变桨柜
.4	第 4 列	43	首数字 4 对应 HC420 变桨柜

附表 1-2　　Q112.7、B200.2、C312.6 元件符号

图　纸		安装位置	
Q、B、C	器件类型	112	首数字 1 对应 NC300 柜
112、200、312	图纸 112 页、200 页、312 页	200	首数字 2 对应 NC310 柜
.7、.2、.6	第 7 列、第 2 列、第 6 列	312	首数字 3 对应 NC320 柜

附录2 Bachmann机组核心部件信息统计

附表 2-1　　　　**Bachmann机组核心部件信息统计表**

序号	图纸编号	设备名称	型号	规格	安装位置
1	U23.4、U33.4、U43.4	变桨变频器-KEB	14F5M1E-Y00D	AC3PH400V23.1 A11kW	变桨电控柜
2		KEB变频器通信面板	CAN operator	SubD9pol-X6C/R J45-X6B	变桨电控柜
3	T26.3、T36.3、T46.3	变桨刹车整流桥		交流230V	变桨电控柜
4	Z21.7、Z31.7、Z41.7	斩波器-KEB	KEB	16.5A	变桨电控柜
5	M23.2、M33.2、M43.2	变桨电机-KEB	E5SME00-24S0		变桨电控柜
6		变桨集电环	MF17-5P-HRCY		轮毂内
7	B28.1、B38.1、B48.1	电磁接近开关	IFL 10-30L-10TP		轮毂内
8	S28.7、S38.7、S48.7	限位开关	LS-11+LS-XRL		轮毂内
9	VSD300、VSN300	驱动非驱动传感器（新型）	BG2166 6202.01		齿轮箱
10	B259.5、B259.6	油温传感器	2×PT100-2-140	配套大重齿轮箱使用	齿轮箱
11	B259.4	轴温传感器	2×PT100-2-110	配套大重齿轮箱使用	齿轮箱
12	B226.4	油压传感器	HDA4745-A-010-000		齿轮箱
13	S226.2	油位计	FSK-176-2.4/01/12		齿轮箱
14	M120.2、M120.4、M120.5、M120.7	偏航电机-SEW		DFV100M6/BMG/HR/TH/MIC	主机架
15		偏航减速机-康迈尔	PG 3004 PR		主机架
16	S251.2	偏航码盘（偏航计数器）	Preventator+encoder（YCD300）		偏航大盘
17	B220.2	风速风向仪	2D 4.3810.01.310		机舱尾部
18		发电机集电环	280集电环		发电机
19	B305.5	发电机编码器	HOG9DN2500TTL		发电机
20	GEN300	自动加脂机	P223-2XLBO-1K6-24-2 A5.14-MFOO P22364470893	D-69190 walldort Pmax：35MPa/5076psi	发电机
21	S236.2	发电机底部振动传感器	8LS14C		发电机
22	M112.7	水泵（低温型）	CR 15-3 HQQE	3330387	机舱底部
23	M112.2	油泵	KF80RF23 FKM GGG40	3274891	齿轮箱

续表

序号	图纸编号	设备名称	型号	规格	安装位置
24	S227.2	污染发讯器（油过滤压力传感器）	VM 30.0/L24-S0135	1284463	齿轮箱
25	M113.2	油冷风扇电机	M2QA 112M	6053851	齿轮箱
26	S222.5	压力开关（带底座）	DG35		刹车制动器
27	Y222.3	电磁阀		2222-1024-801	刹车制动器
28	S222.7	制动器开启指示器	490-3776-804		刹车制动器
29	S222.6	摩擦片磨损指示器	490-3777-804		刹车制动器
30	Q112.2、Q112.4	电机保护开关	MS116-16	16A（10-16）	NCC300并网柜
31	Q112.7	电机保护开关	MS116-4	4A（2.5-4）	NCC300并网柜
32	Q112.6	电机保护开关	MS116-2.5	2.5A（1.6-2.5）	NCC300并网柜
33	Q130.2	漏电保护器	F204-40	40A	NCC300并网柜
34		定子接触器	DILH1400/22（穆勒）		NCC300并网柜
35	K151.8	网侧接触器	AF210-30-22		NCC300并网柜
36	K210.5	机械锁	WB 75-A	直流24V	NCC310电控柜
37		辅助开关	CAL18-11	1NC1NO	NCC310电控柜
38		辅助开关	S2-H11	1NC1NO	NCC310电控柜
39		辅助开关	CA 5-01	NC	NCC310电控柜
40		辅助开关	CA 5-10	NO	NCC310电控柜
41	V122.2、V122.4、V122.5、V122.7	微动开关	250V/6A	1NC1NO	偏航电机
42	T224.6	直流电源	SD-25B-5	24V1.6A/5V5A	NCC310电控柜
43	T215.3	UPS电源模块	CP SNT 250W24V10A	200-240VAC1.9A/直流24V10A	NCC310电控柜
44	T150.7	电源	Quint-PS-100-240AC/24DC/10		NCC300并网柜
45	T151.5	电源	Quint-PS-/1AC/24DC/20	2866776	NCC300并网柜
46	T215.2	UPS控制模块	Quint-DC-UPS	直流24V-40A	NCC310电控柜
47	T215.4	UPS电池模块	Quint-AT	直流24V-12Ah	NCC310电控柜
48	K230.3	安全继电器	PNOZs4	直流24V3NO1NC	NCC310电控柜
49	K230.7	安全继电器	PNOZs7	直流24V4NO1NC	NCC310电控柜
50	B234.4	超速继电器	CRRA	FA-117792/136	NCC310电控柜
51	B200.3	多功能监视继电器	CM-MPS.21		NCC310电控柜
52	F102.2、F102.3、F102.4	熔断器	170M6810/630A_690V	690VAC/350A	NCC300并网柜
53	F300.5	熔断器	125NHG00B-690	125A	NCC320变频柜
54	F104.2、F104.3	熔断器	1000VAC/DC-38×10	8A	NCC300并网柜
55	F104.7、F104.7.1、F104.8	避雷器	CJE80D751K		NCC300并网柜

续表

序号	图纸编号	设备名称	型号	规格	安装位置
56	F110.5、F110.6、F110.7	防雷模块	DG MOD275		NCC300并网柜
57	F207.2、F207.3、F207.4 F207.5、F207.6、F207.7、F207.8	电源防雷器（过压保护）	V20-C/1-320V	320VAC20-40kA	NCC310电控柜
58		电涌保护	DCO RK E12	DC12V	NCC310电控柜
59		电涌保护	DCO RK E24	DC24V	NCC310电控柜
60	F200.4.3	风速仪电源防雷模块	VF24		NCC310电控柜
61	F200.4、F200.4.1、F200.4.2	风速仪信号防雷模块	FRD 5HF		NCC310电控柜
62	R202.7、R202.8	电池充电电阻	RPH100 1K	1KR	NCC310电控柜
63	R202.2、R202.3	电池充电电阻	RPH100 220R	220R	NCC310电控柜
64	R202.4、R202.5	功率型电阻	RXLG-500W100R	100R500W	NCC310电控柜
65	R314.2、R314.2.1	预充电电阻	RXLG-500W22R	22R500W	NCC320变频柜
66	R312.6	功率型电阻	HS75/33R J	33R75W	NCC320变频柜
67	R304.5、R304.5.1	滤波电阻	UXP600-100KR	100KR	NCC320变频柜
68	R310.5、R310.6、R310.7	滤波电阻	UXP600-47R	47R	NCC320变频柜
69	R306.4、R306.5	滤波电阻	UXP600-22R	22R	NCC320变频柜
70	R304.2、R304.2.1、R304.3、R304.3.1、R304.4、R304.4.1	滤波电阻	UXP600-0.5R	0.5R	NCC320变频柜
71	A118.3	PLC-中央处理器模块	MPC240	128MB	塔基TPC100
72	A118.5	FASTBUS模块	FM 211/BACHMANN		塔基TPC101
73	A119.1	数字量输入输出模块	DIO 216/BACHMANN		塔基TPC102
74	A120.1	PLC-温度记录模块	PTAI216	直流24V	塔基TPC103
75	A239.3	接口模块	EM203/BACHMANN		NCC310电控柜
76	A239.4	PLC接口模块	RS204/BACHMANN	RS 232/422/485/直流24V	NCC310电控柜
77	A239.5	CAN-BUS模块	CM 202/BACHMANN		NCC310电控柜
78	A240.1、A241.1	PLC-32口数字输入	DI232	直流24V	NCC310电控柜
79	A242.1	PLC-80口数字输入输出	DIO280	直流24V/0.5A	NCC310电控柜
80	P245.3	操作面板	OP2/RS232/422	240×60/OT115/R	NCC310电控柜
81	U118.6	偏航变频器-KEB	COMBIVERT F5-MULTI	15F5C1E-Y50A/E167544	NCC300并网柜
82	B312.7	Crowbar单元			NCC320变频柜
83	V314.2	预充电整流桥	SKD62/18	10451PR	NCC320变频柜

续表

序号	图纸编号	设备名称	型号	规格	安装位置
84	V21.7、V31.7、V41.7	变桨柜整流桥	SKD82/16		变桨电控柜
85	A214.3	变流器	3RS1700-1CD00 AC/DC	IN：0～10V/OUT：4～20mA	NCC310 电控柜
86	L300.2	网侧电抗器	3Phase 带 PT100	0.4mH/205A/50～60Hz	NCC320 变频柜
87	L310.2	机侧电抗器	3Phase 带 PT100	0.025mH/500A/50～60Hz	NCC320 变频柜
88	C312.6	电容器-0.47uF	E62.F62-471B21	MKP 0.47uF±10% Un 3600VDC/2100VAC	NCC320 变频柜
89	C304.7、C304.7.1、C304.7.2、C302.7、C302.7.1、C302.7.2	电容器－3×33.4uF	E62.R16-333L30		NCC320 变频柜
90	C310.5、C310.5.1、C310.6、C310.6.1、C310.7、C310.7.1	电容器－0.10uF	MKP 0.10uF±10% Un 3600VDC/2100VAC		NCC320 变频柜
91	P110.2	电能计数器	U389A	3Phase400V	NCC300 并网柜
92	B101.2	无功测量	Sineax P530/NLB858	690V5A50Hz/-200～2000kW	NCC300 并网柜
93	T100.4、T100.5、T100.6	电网电流互感器	PSA1034/Class0.2	1500/5A 5VA K1.02	NCC300 并网柜
94	B208.3	温度控制器	TYR 60		NCC310 电控柜
95	B208.5	温度控制器	TYR 60		NCC320 变频柜
96	B252.3	湿度控制器	HYW 90	C0/40%～90%rH△rH～5%	NCC310 电控柜
97	B252.4	湿度控制器	HYW 90	C0/40%～90%rH△rH～5%	NCC320 变频柜
98	R249.2、R249.3、R249.4	温度传感器	HT-102	PT100/3-wire/L1000mm	NCC300、NCC310、NCC320
99	R284.2	环境温度传感器	WZPMF001		NCC300 柜侧壁
100	S230.2、S232.4、S232.6	急停按钮	704.064.2	ZB2-BS54C	NCC310 电控柜、齿轮箱
101	S230.1	复位按钮			NCC310 电控柜
102	S236.7	手动/自动切换开关	Switch 2-ways 4pole	CH10 A223-600E	NCC310 电控柜
103	A150.4	单模交换机	I802-M-T-FX06		塔基 TBC100
104	S110.3	主电源开关	P3-I6/EA/SVB	main switch with emergency function	NCC300 并网柜
105	S204.2	电池电源开关	P3-I6/EA/SVB	main switch with emergency function	NCC310 电控柜
106	S21.7、S31.7、S41.7	变桨柜电源开关	KG32B T203/01		变桨电控柜